初夏の大日池

妙蓮のつぼみと開花した花

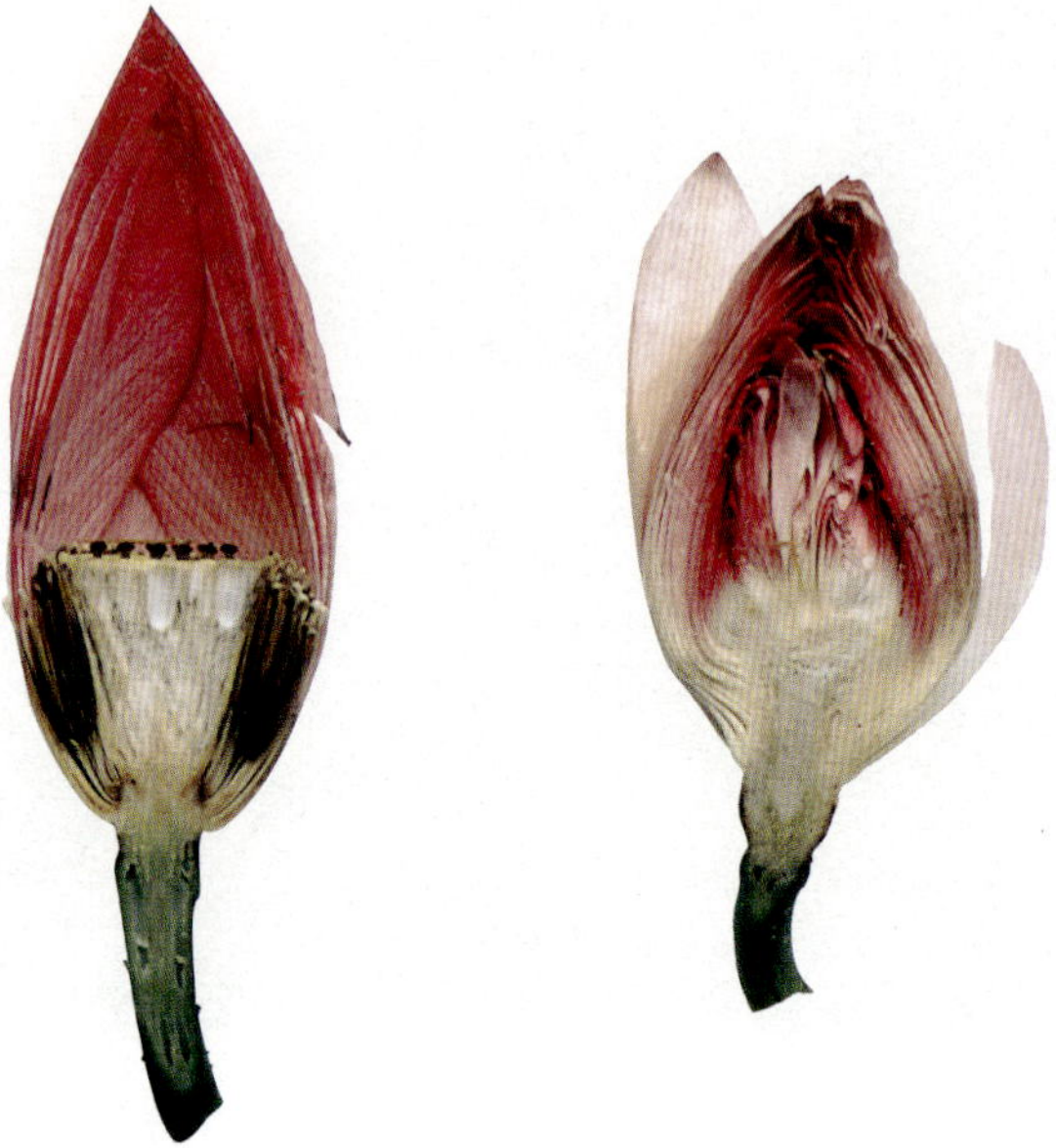

妙蓮（右）と常蓮（左）のつぼみの縦断面を比べる。常蓮には花托やおしべが見られる。

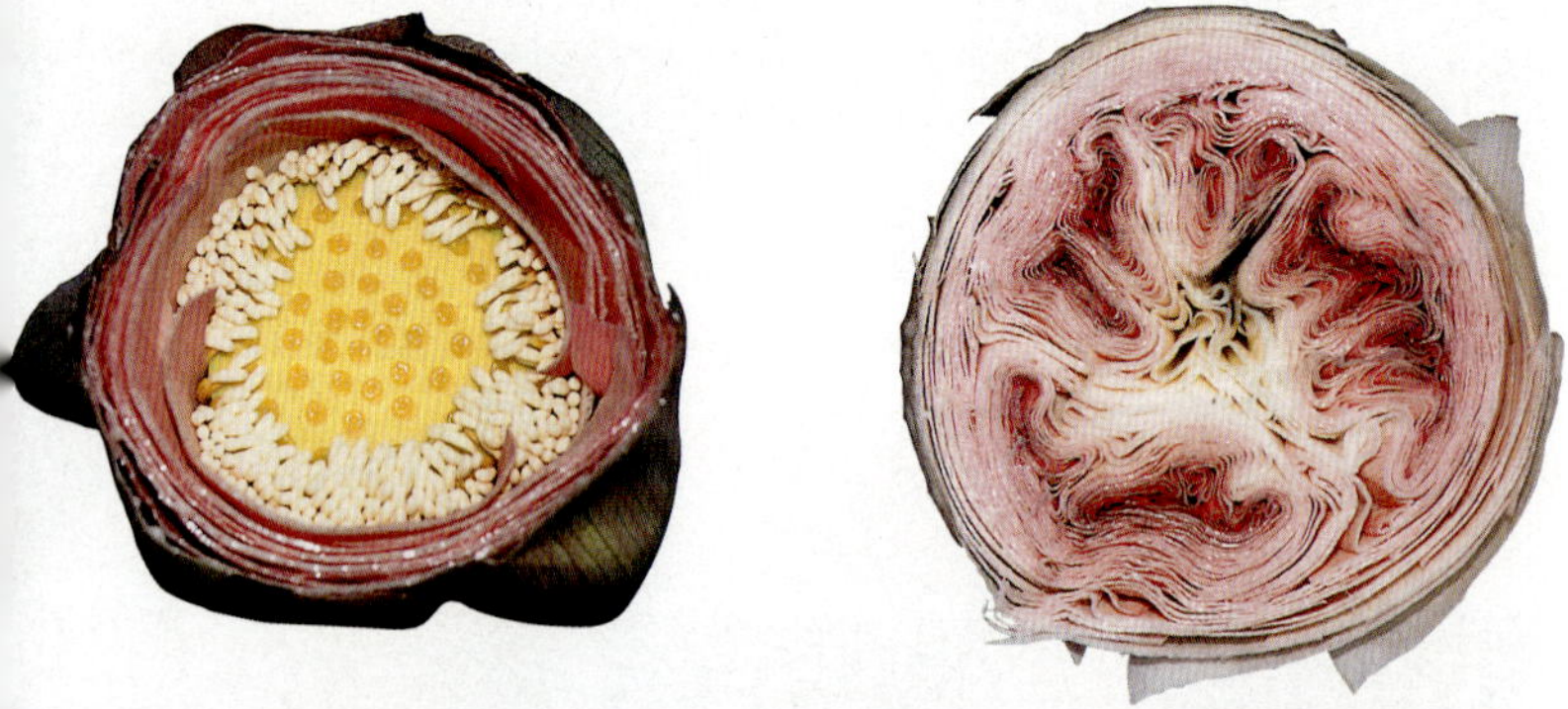

妙蓮（右）と常蓮（左）のつぼみの輪切り面を比べる。妙蓮の花は、花弁だけでできていることがよく分かる。

妙蓮の先祖帰りの花。平成11年7月3日妙蓮池に咲いた妙蓮の先祖と考えられる花。

平成9年7月15日妙蓮池に咲いた、妙蓮と常蓮が半々になった花。このようなモザイク花は、天明元年（1781）にも咲いていたことが『蓮之立花覚』に記されている。

双頭蓮は稀に生じる奇形の蓮で1本の花柄の先端に2個の完全な花が咲くもの。『日本書紀』などにもこのような花が咲いたことが記されている。中国では「並帯同心」と呼んで、夫婦和合を象徴する瑞兆とされる。

双頭蓮が描かれた掛け軸（守山市小島町村上家蔵）

別冊淡海文庫9

近江妙蓮

世界でも珍しいハスのものがたり

中川原　正美　著

序

近江妙蓮は、昔から極めて珍しいハスとして尊ばれ、日本では守山の大日堂の池だけに生育してきた不思議なハスであります。中川原先生は、このハスの解明に努力されて、我が国はもとより、世界でも初めてその成果を『近江妙蓮―世界でも珍しいハスのものがたり―』として発刊されることになりました。

この近江妙蓮を、私が市長在任中に守山市の「市の花」として制定いたしました縁をもちまして、この度序文の要請を受けました。しかし、なにぶん高齢でもあり、その器でないことを申し上げたのですが、是非にということで、先生の大業に深い敬意と謝意を表す想いから、措辞を申し述べさせていただきます。

今回ご労作を出版されます先生のお気持ちには、多難の時勢のなか、広く世人に、「温故知新」と「報恩感謝」の想いを新たにする指針ともなればという願いがあるとうかがい、有難いことと拝しています。先生は、妙蓮の奇妙な特質について全国各地を探訪、また、常蓮との違いも悉く解明され、さらに六百年にわたる田中米三家の古文書を数年の間勉学・解読され、委曲を尽くして説き明かしておられます。まさに畢生の偉業といわねばなりません。

ところで、先生は、長浜市の田村山の麓の寺田町で出生、日本一の琵琶湖の近くで、滋賀県一の秀峰伊吹を眺める豊かな自然に恵まれた里で幼少時を過ごされました。青年期は、金沢高等師範学校（現金沢大学理学部）で生物学と教育学を学ばれています。昭和二十六年から滋賀県内の高等学校に三十八年間理科の教師として、また後には管理職として勤務、地域から尊敬されてこられました。特に、校長時代には、高等学校理科教育研究会会長として高校理科教育や環境教育に力を尽くされました。

退職後は、環境社会学会、蓮文化研究会、淡海万葉の会など多くの分野で活躍されていますが、なかでも環境教育問題、特に琵琶湖の自然環境保全のための活動に力を注いでおられます。そうした中で、滋賀県環境啓発アドバイザーとして、県の環境学習の講師を続けておられます。

そのほか、守山市誌の「自然編」と「資料編自然」の編集に格別のご尽力をいただき大成を賜りました。

そのような先生のお姿を通して、私なりに感じている先生の敬服すべき点を申し上げたいと思います。

先生ご自身お気づきかどうかは存じませんが、先生は、縁《えにし》を大切にされておられることです。学生時代に、金沢で初めて妙蓮に出会われ、その後昭和六十年に守山にお住まいになって、近くの大日堂の池でこの妙蓮に再会され、その不思議な出会いの縁に感動されたということ、また、たまたま住民登録されたその日に、市役所の前庭片隅にあった「温故知新」の小さな石碑に目をとめ、かつて金沢で見た妙蓮が、今この守山に存在する因縁に思いを馳せ、自分の余生を妙蓮の探究に捧げようと決意されたこと、さらに、再会された田中の妙蓮は、明治三十八年を最後に咲かなくなっていたのを嘆いた田中家の小杖老婆や当主などが、涙と共に蓮博士と称えられていた大賀一郎博士に願い出、金沢の持明院からその株が移されたものであること、そして、その持明院の妙蓮が実は明治維新前後の頃に大日池から移されたものであることを大賀博士が実証されていることを聞かれて、田中家に残されている古文書の探求を徹底されたことなど、改めてその奇縁を先生が大切にされていることを思うのであります。

この度の先生のご出版によって、お互いの人生を生きていくなかで、「縁」によって生かされているという新しい視野を深めることの大切なことに気づかせていただきました。

このご本が、幸せとは何であるのかを教えられる極めて有益なご刊行として、広く愛読されますことを願ってやみません。以上、ご出版を心からお祝い申し上げ、誠に僭越ですが、序文とさせていただきます

二〇〇二年

若葉薫る五月、守山市播磨田自坊にて

高田　信昭

（前守山市長）

近江妙蓮 ——世界でも珍しいハスのものがたり——

はじめに

古い話になりますが、太平洋戦争が終わって間もなくの昭和二十三年の夏の日のことでした。国鉄金沢駅前で下宿していた私は、すぐ近くにある真言宗のお寺、持妙院の蓮池で不思議な蓮の花を見ました。それは、国の天然記念物に指定されている珍しい蓮で「妙蓮」と名付けられていました。直接手にとって調べることはできませんでしたが、普通の蓮にある蜂の巣のような花托が見られず、花弁ばかりの花のようでした。当時、生物学を専門に勉強していた私にとっては、印象に残る興味ある花だったのです。その後、下宿を出て野田山の麓にある学生寮に移転したこともあって、この奇妙な蓮の花との出会いはそのままになっていました。

金沢での四年間の学業を終えて、昭和二十六年滋賀県の県立高校の理科（生物）の教員として赴任しました。そして、定年も近づいた昭和六十年、守山市に移り住むことになりました。ところが、新しい住まいのすぐ近くにある大日池には、学生時代に見た不思議な妙蓮の花が咲いていたのです。青春の一時期を過ごした金沢と余生を送るため選んだ守山という土地が、目に見えない蓮の糸で結ばれていたのです。

四十年ぶりに再会した妙蓮の花の実態には、調べれば調べるほど興味深い内容がありました。それは、生物学上における新しい事実だけでなく、妙蓮にかかわる古文書が数多くの興味ある史蹟を秘めていました。

十年におよぶ調査と研究の結果は、夏の朝、豪華で華麗な花を咲かせる蓮のさまざまな生態をはじめとして、大日池を発祥の地とする妙蓮の奇妙な花のなりたちなどを解き明かすことができました。さらに、妙蓮の花が育んできた六百年におよぶ貴重な歴史は、田中家に残されていた二百点近い古文書を解読することで整理できました。そして、その一端を妙蓮の歴史物語として記載しました。ことに、江戸時代中期の百六十年間書き綴られてきた『妙蓮の日記』には、他に類のない貴重な内容が多く秘められており、野洲川のほとりにあった農村のようすを伺い知ることができます。

さらに、世界でも珍しい花を咲かせる妙蓮の由来については、多くの謗証を取り上げて、伝承のみにこだわらない物語を描いてみました。

本書によって、妙蓮が世界でも珍しい蓮の花であり、その奇妙な花が育んできた歴史が貴重な文化遺産であることを理解していただければ幸いです。

第一話

ハス（蓮）のはなし

ハスはどのような植物なのか

ハスのなかまたちの系統

ハスは、被子植物のなかまの双子葉植物という美しい花を咲かせる植物で、ハス科のハス属として分類されている大型の水生植物です。スイレンに似たところがあるので、かつてはスイレン科に属していました。しかし、ハスは水面上に高く葉を伸ばす抽水性《ちゅうすいせい》の植物ですが、スイレンのなかまは、その葉が水面に浮いていて水面上に高く伸びる葉がほとんどない浮葉植物であること、あるいは、ハスは赤、黄、白系統の花を咲かせるがスイレンは赤、黄、白色の他に青色系の花を咲かせること、さらに、ハスの葉の表面は水をはじくため水玉をつくるが、スイレンはそのようなことがないなどの違いから、スイレンとは全く別のハス科として独立させています。

最近行われている、葉緑体遺伝子（DNA）の塩基配列を比較して植物の類縁関係を調べる研究の結果は、ハスとスイレンはまったく異なった系統の植物であることを示してい

豪華な花を咲かせるハス

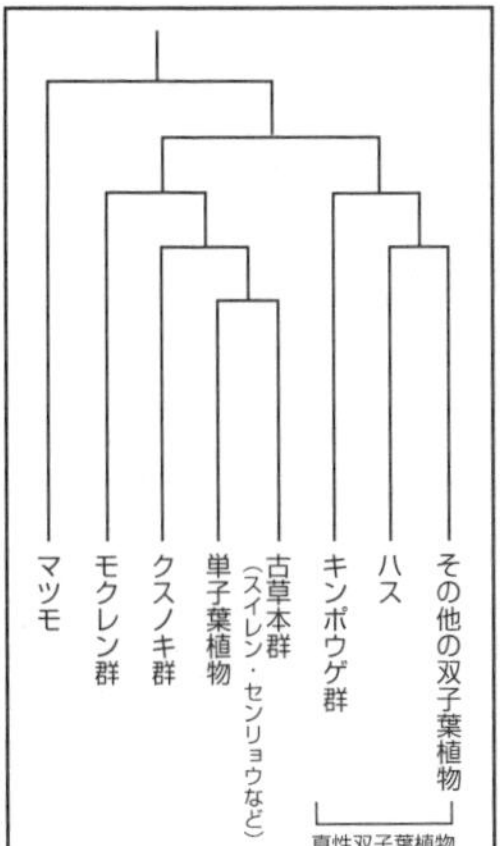

葉緑体遺伝子の塩基配列に
基づく被子植物の系統
（伊藤元己　1996）

花を咲かせるスイレン

ます。スイレンは、被子植物の先祖が現れた初期に分化した古草本群と呼ばれるなかまに入り、ハスは比較的あとで分化してきた真性双子葉植物のなかまに入ります。つまり、ハスは植物分類学上では、スイレン科のなかまとかなり離れた位置にある植物なのです。

彦根城の堀で、夏になると葉を広げているオニバスという水生植物は、滋賀県内で自生地はここだけという珍しい植物です。全国的にも自然の生育地が少なくなり、富山県氷見市では、天然記念物に指定されるなど貴重な植物です。その葉は、円盤状の浮き葉になっており、ハスとは似ても似つかない花を咲かせます。オニバスは、その名前からハスのなかまのように思われていますが、ハス科ではなく、スイレン科のなかまに属しています。

円盤状の葉を広げるオニバス

ハスという植物が、地球上にいつごろ出現したのか正確なことは分かりません。化石の研究によると、中生代ジュラ紀末の一億四千万年前には、北半球に存在していたようです。このことは、ハスという植物の先祖は、被子植物のなかまでも古くから存在していたことになります。中生代白亜紀（一億年から八千万年前）のハスの化石が、ポルトガル、フランス、シベリアなどから発見されたことが報告されています。白亜紀末の化石としては、アラスカや東アジア、ナイル川上流部などで確認されています。東アジア産の最も古いハ

トウヨウハスの化石（中生代白亜紀）池田町皿尾（福井市自然史博物館蔵）

スの化石は、韓国の全羅北道で見つかった白亜紀のものとされています。日本産のハスの化石としては、昭和二十七年（一九五二）、福井県池田町皿尾で松尾秀邦さん（金沢大学名誉教授）が見つけた白亜紀後期（七千万年前）のトウヨウハスが最古のものとなっています。新生代（六千五百万年前以降）になると、ハスの化石は北半球の各地から発見されています。古第三紀（六千五百万年から二千五百万年）の化石はシキシマバスと呼ばれ、北海道から北九州にいたる各地の炭田から発見されており、全国的に生育していたものと考えられます。そして、日本のハスの起源は、中国渡来の植物だという考えは否定され、地質時代から日本列島に広く生育していたものであるとされています。

古典の中のハス

江戸時代最後の本草学者とされる山本章夫（一八二七～一九〇三）が編纂した『万葉古今動植正名』では、「はちすは、蓮房の形、蜂房《はちのす》に似たるもて名づく。今はすといふは、はちすの中略なり。そのはちのすの如き房のできる草の葉なれば、はちすばといふ。はすは漢土にては、花、葉、根、実それぞれ名を異にせり、葉を荷《か》とし、花を芙蓉《ふよう》とし、根を藕《ぐう》とし、実を蓮《れん》とす。されど又相通して荷花、藕花、蓮花ともいふ、皆芙蓉のことなり」と記して、ハスの名の由来を簡潔に述べています。

はちすの名が最初に出るのは、『古事記』の雄略天皇の条に、「天皇美和河の河辺に衣洗う童女赤猪子《あかいこ》をみとめ、汝嫁がずてあれと宣い、すでに八十歳を経て迎えに参らず、天皇の命を仰ぎ待つた赤猪子が天皇の前にこの由を奏上して、「日下江《くさかえ》の　入江のはちす　はなはちす　身の盛り人　羨《とも》しきろかも」と詠った」という物語があります。ハスの花が、若い盛りの乙女のように初々しく麗しいことがうらやましく思われると詠っています。しかし、華麗に咲いて四日目には惜しまれて散っていくハスの花をうらやましく思っているのかも知れません。

『万葉集』には、ハスを詠った歌が四首あります。その中に、右兵衛府の官人の宴会で食物を盛っていた荷葉にかけて歌を詠えということになって、一人の官人が詠ったとされるものがあります。

ひさかたの　雨も降らぬか　蓮葉《はちすは》に　たまれる水の　玉に似たる見む
（一六―三八三七）

ハスの花の美しさでなく葉にたまる水玉を詠っています。『万葉古今動植正名』で山本章夫さんは、この歌は碧筒盃《へきとうはい》（象鼻盃）というハスの葉で酒を飲むことを詠っているとしています。『歌の中の植物誌』で安藤久次さんは、少しさわると、ころころ転んですぐ落ちる水玉のような、美しくて情にもろい女にめぐりあいたい気持ちを詠ったとしています。江戸時代のころ、「蓮葉女《はすはおんな》」という言葉があったのもハスの葉にたまる水玉のようすから連想されたものでしょう。
『万葉集』にある長忌寸意吉麿《ながのいみきおきまろ》の歌は、ハスの葉と女性のことを詠っています。

蓮葉《はちすは》はかくこそあるもの　意吉麿が　家なるものは　芋《うも》の葉にあらし
（一六―三八二六）

ハスの葉は、カシワやホオノキの葉などと同じように食物を盛るのに使われていました。自分の家で使っているのは粗末なサトイモの葉であると詠っているようですが、『花古事記』で山田宗睦さんは、「ハスの葉とイモの葉の比較ではなく、外で見かけた美人と家にいる妻（妹《いも》）のみすぼらしいことを嘆いたもの」と解説しています。しかし、安藤久次さんは「姿はあでやかではないが、心はやさしくかわいい女であると、自分の妻をほめた歌である」としています。ハスの葉によせた万葉人の歌には、さまざまな人の生きざまが詠いこまれているようです。

「万葉および以前の文学には、仏教臭がなかったが、万葉後は著しく仏教臭を帯びて蓮が現れている」と『万葉植物新考』で松田修さんは述べています。平安時代以降のハスの歌は、万葉時代とその趣が変わっています。

『古今集』一六五番僧正遍正の歌に、次のようなものがあります。

　蓮葉の　にごりにしまぬ　心もて　なにかは露を　玉とあざむく

ハスは泥沼に生えていても汚れないで清浄であるという仏教の精神を詠っています。

『枕草子』六六段で、「はちすはよろずの草よりもすぐれてめでたし、妙法蓮花のたとひにも、花は仏に奉り、実は数珠に貫き、念仏して往生極楽の縁とすればよ。また花なきころ、緑なる池の水に咲きたるもいとおかし」と、ハスの美しさを讃え、極楽浄土への願いのようなものが語られています。

ハスを詠った歌が数多くあるなかで、晩年の良寛さんにめぐり合い、その法弟になった貞心尼が『蓮の露』のなかに記した贈答歌がすばらしいと思います。

ある夏のころ、参でけるに、いづちへ出で給ひけん、見え玉はず、ただ花がめに、蓮の挿したるが、いとにほひて有りければ

来て見れば　人こそ見えね　庵守《いおも》りて　匂ふはちすの　花のたふとさ（貞心）

御かへし

み饗《あえ》する　ものこそなけれ　小瓶《おがめ》なる　はちすの花を　見つつ忍ばせ（良寛）

中国では、北宋の周茂叔がハスをこよなく愛し、『愛蓮の説』を綴って、ハスの容姿や風情を賛美しています。「泥土から生え出ても汚れず、花は清浄で、なまめかしいあでやかさがなく、その茎はまっすぐで余分な枝を出さず、香りは遠ざかるほど清く奥ゆかしい、姿は亭々として気品があり、おかし難い高貴な威風を具えている」（安藤久次訳）。そして、さらに、「菊は花の隠逸なる者なり、牡丹は花の富貴なる者なり、蓮は花の君子なる者なり」と記して、ハスを君子の花として讃えています。このあと永く中国では、ハスの実を

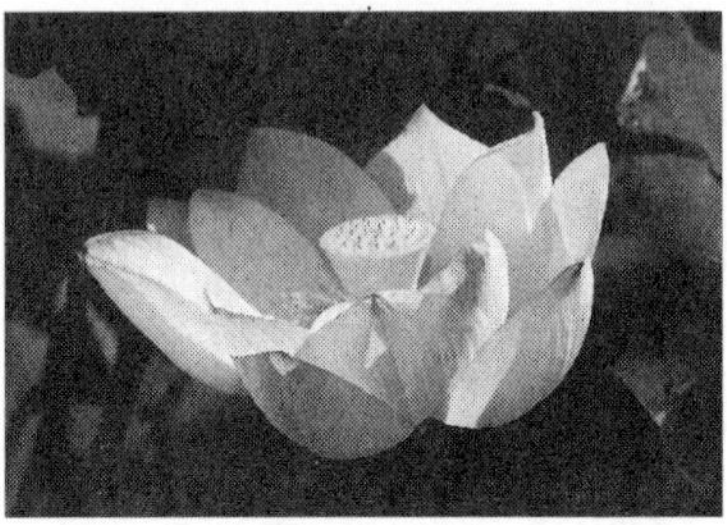

開花した孫文蓮

人に贈ることは君子の交わりを意味するとして非常に大切なこととされてきました。

近代中国の父とされる孫文は、大正七年（一九一八）五月来日したとき援助を受けた田中隆さんに、「古来中国では蓮は高潔な君子の交わりを意味します。どうか平和の花を咲かせてください」と、祝儀袋に入った四粒のハスの実を贈っています。このハスの実は、後に大賀一郎博士によって発芽育成されて、「孫文蓮」と呼ばれる高貴な花を咲かせています。

ハスのなかまを分類する

現在のハスは、花の色が赤・白系である東洋産（*Nelumbo*《ネルンボ》 *nucifera*《ヌシフェラ》）と、黄色の花を咲かせるアメリカ産（*Nelumbo*《ネルンボ》 *pentapetala*《ペンタペタラ》）の二種に分けています。東洋産種は、インドはじめ東南アジアなどの熱帯に近い地方が原産地とされ、アメリカ産種は、ミシシッピ川流域や南米北部がその原産地とされています。いずれも、気温の高い地域が原産地となっていて、夏にふさわしい大型の水生植物です。したがって、寒さに弱い性質があるので北海道では

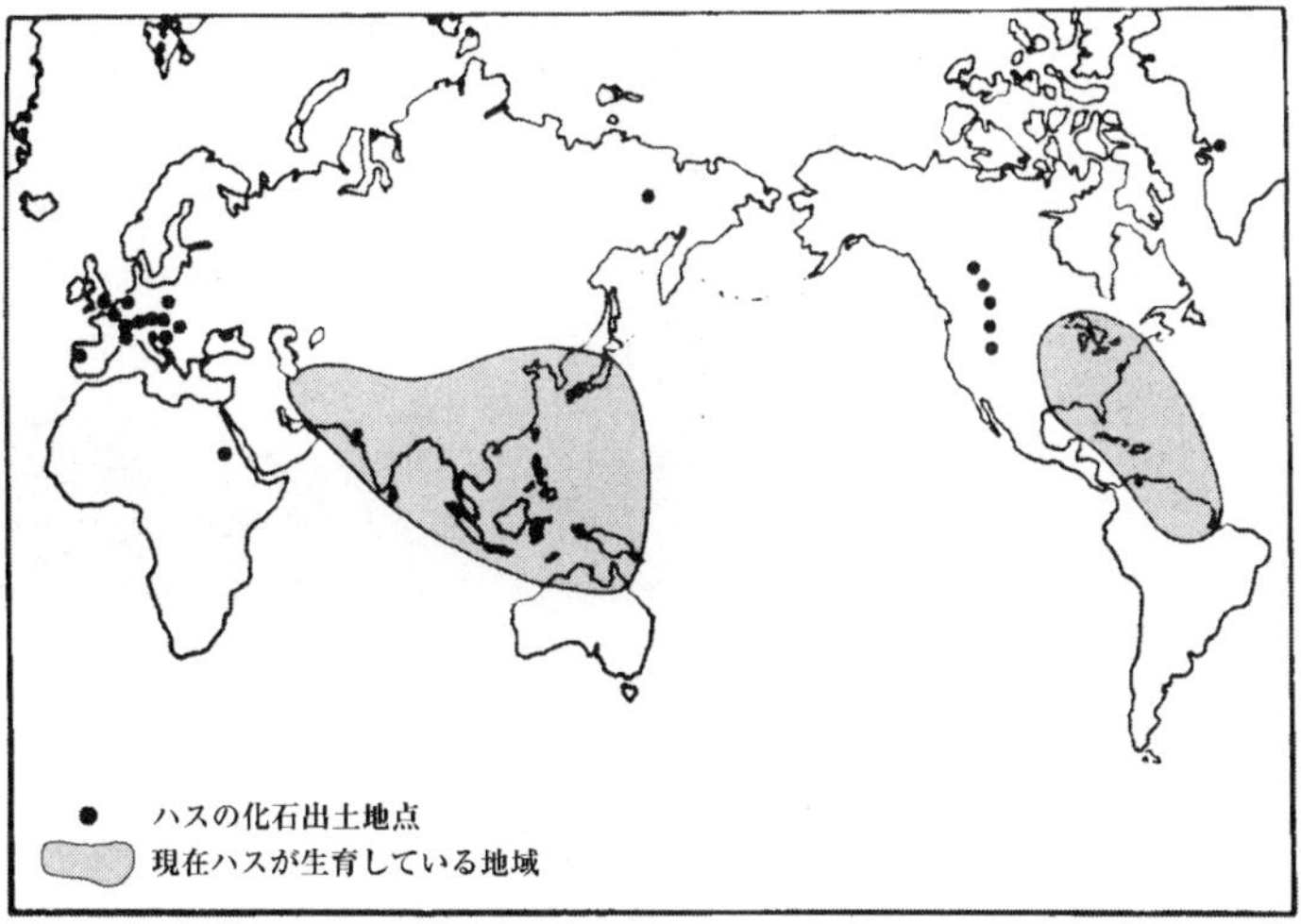

ハスの世界的分布（阪本祐二原図）

育ちにくい植物です。

これら二種のハスは、花の色が異なるのみで、形態的な特徴は非常によく似ています。染色体の数も（2n＝16）と同じで、おたがいに交雑して新しい品種をつくり出すことが容易です。このことからハスのなかまは一属二種ではなく、すべて同じ種、すなわち一属一種であると考えるのがよいと思います。花バスや食用バスの違いをはじめ、ハスにはたくさんの品種、変種の違いがあります。これらの違いは、私たち人間がみんな人類（ホモ・サピエンス）として同じなかまでありながら、人種や民族の違いを分けているのと同じようなことと考えて良いと思います。

ハスのなかまを、花バスと食用バス

の二つに分けることがあります。花バスとは、花の色や花弁の数がいろいろあり、その花のようすがすばらしいので観賞の対象となっているハスのことです。観賞バスと呼ぶこともあり、そのれんこん（蓮根）を食用として利用するため、栽培する食用バスと区別しています。日本では、花バスの品種が三百五十前後あるといわれています。花バスの品種を区別する基準となっているのは、花の大きさ・花弁の色・花弁の数などです。しかし、花バス同士の交雑が比較的容易なことから、さまざまな交雑品種が出現して整理ができず、その細かい分類が困難となっているのが実態です。

赤花八重の蓮

花の色では、花弁のほとんどが紅色となっている紅蓮系がもっとも多く、全体の半数以上をしめています。花弁全体が白い品種が白蓮系で、紅蓮系に比べるとその半分くらいの数になります。その他に、白い花弁の先端や、その縁などに紅色がついている爪紅蓮《つまべにばす》系や、白い花弁の中に紅紫色が斑についている斑蓮《まだらはす》系もあります。斑蓮系の品種は、数も少なく希少価値があります。紅蓮系のハスについて、濃紅色系と桃色系に分けることもあります。しかし、同じ種類の色素であることや、最初濃い紅色であった花弁が生長するうちに次第に淡くなることなどから、桃色系を分けることには問題が残ります。

アメリカ産種は、黄蓮系と黄白蓮系に分けています。これらのアメリカ産種と東洋産種との交配の結果つくられた品種は、黄紅蓮や黄白蓮とよばれて、独特の花の色がついてすばらしい花バスに育っています。これらの品種は、今後その数をふやして、ハスの世界ではその国際化をいっそう進めていくように思われます。

花の大きさは、開花した花の直径が二六cm以上であれば大型、一二cmより小さいものを小型、その中間のものを普通型とよんでいます。花弁の数は、二十五枚以下が一重、五十枚以上を八重、その中間のものを半八重とよんでいます。その他、花弁にある条線の様子や花弁の形なども、品種を分ける基準になっていることがあります。

ハスの花のはなし

ハスの花のなりたち

大型一重のハスの花は、基本となる器官として花床（花托）とそれに側生する花葉とからできています。花床とは、花茎の先端部にある花の軸をなす部分で、花の各器官である花葉を付着させる茎になる部分です。多くの植物では花床はきわめて短いのが普通ですが、ハスでは大型で特別な形をしているので花托と呼びます。花葉とは、花弁（花冠）、がく片（萼）、おしべ（雄ずい）、めしべ（雌ずい、心皮）の四種類あります。これらの器官は、もともと特殊な葉が変化してできたものであるから花葉といいます。

がく片は、最も外側につき、つぼみのときには他の花葉を包んでいます。つぼみが生長すると淡緑色の小葉状になり、開花時にはすでに枯れはじめています。花弁は、長楕円状へら形で縦に条線が付いていています。この花弁の断面を顕微鏡で見ると、葉にある通気道と同じような細い管がいくつも並んでいます。そして、条線の部分には、色素が集まってい

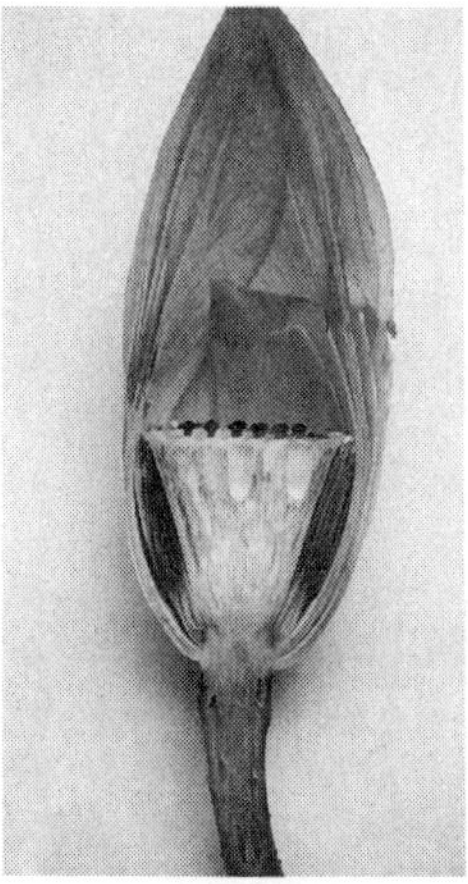

ハスのつぼみの断面

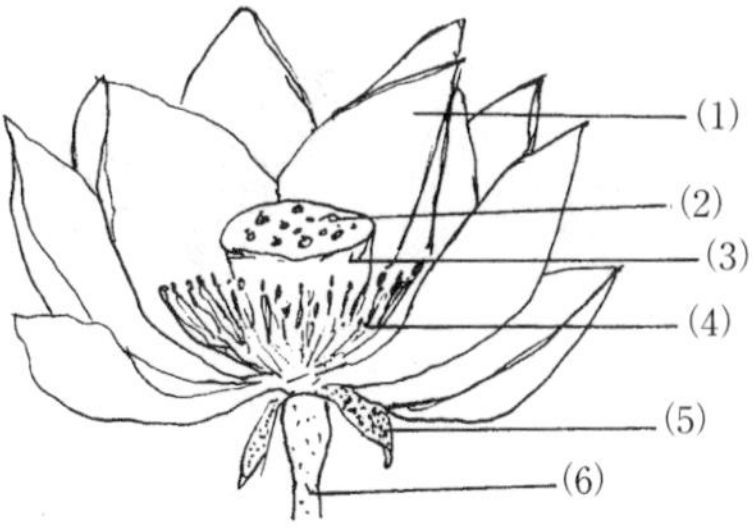

(1)花弁 (2)心皮 (3)花托 (4)おしべ
(5)がく片 (6)花柄

ハスの花の模式図

るだけで通気道はありません。花弁は、花芽の時期から少しずつ生長して伸び広がり、最も大きくなった花弁で長さ約一三cm、最長幅九cmくらいのへら型になります。そして、開花四日目には外側の花弁から次第に散り落ちていきます。花弁に囲まれた内側に、おしべが三百本前後らせん状に配列しています。糸状になったおしべの長さは、二五mm前後あり、約一五mmの花糸に一二mm前後の黄色いやく（葯）がつき、その先端に三mmばかりの小さなやく突起がついています。

　花の中央には、蜂の巣状に見える黄色い花托が存在します。開花時の花托の上面は、直径が四～五cmあります。この花托を「はちす」とよび、ハスの花の特徴になっています。花托は、花弁の散った後も生長を続けて、大きいものでは直径一〇cmを超えるようになります。蜂の巣状の花托の表面には、めしべが十数本から三十本余り、らせん状に配列してく

果　托

花弁が散り花托とおしべが残る花

ぼみに埋まっています。サクラなど多くの花のめしべは、一つの花の中に一本だけありますが、ハスでは一つの花の中に多数のめしべがあるのです。そして、それぞれは一枚の心皮という花葉でできているので、ハスのめしべのことを心皮と呼んでいます。めしべの柱頭の部分は輝くような黄色で、黄金色の花托の上面にらせん状に並んでいます。この柱頭は、開花三日目には受粉が終わって黒くなります。同時に、黄金色であった花托は、次第に緑色に変わっていきます。

花弁が散り落ちた後の花托は、果托と漢字を変えて書くようになっています。緑色の果托は、次第に大きく生長しながら茶褐色に黒ずんでいきます。受粉が終わった心皮は、その子房の部分を大きく生長させて種子を作っていきます。ハスは虫媒花であるため、低温や降雨でハチなどの昆虫が飛ばないと受粉する心皮の数が少なくなり、相対的に結実する種子の数が少なくなります。結実した種子は、だえん形で一八×一〇㎜ばかりの大きさに生長します。最初

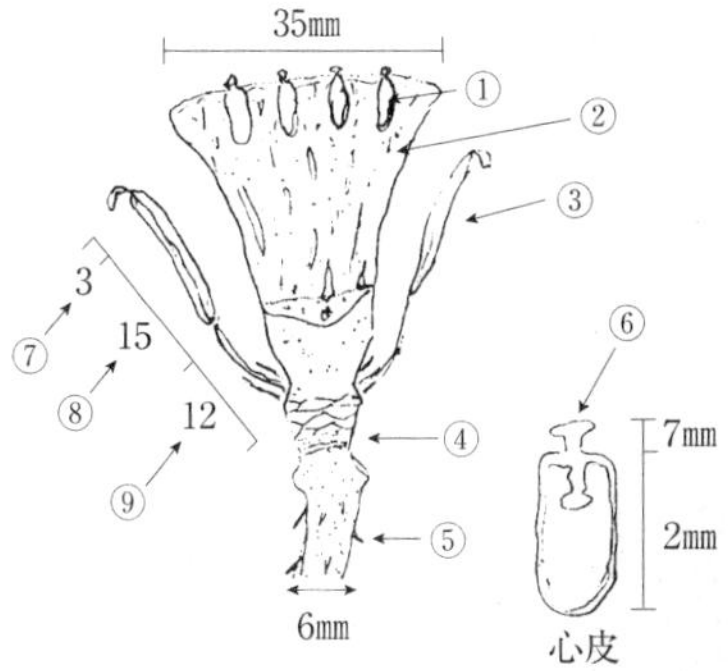

①心皮　②花托　③おしべ　④花弁付着点
⑤花柄　⑥柱頭　⑦やく突起　⑧やく　⑨花系

果托と種子の断面図

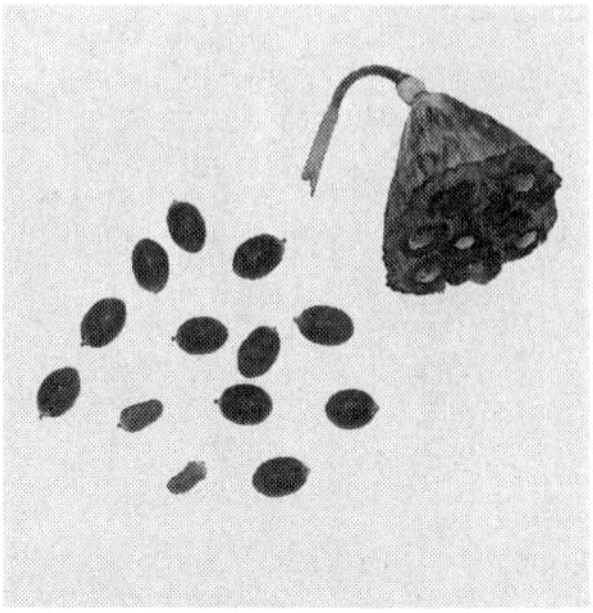

ハスの果托と種子

は緑色であった種子は、十日ばかりたつと黒く変色します。緑色の時期には、種皮をかんたんにむき取ることができるほど柔らかですが、種皮が黒くなった種子は、二千年以上生き続けられるほど丈夫になっています。このように長生きする種子は、被子植物で特異なものとされています。

以上のような器官で構成されている花が、ハスでは基本になる標準型の花になっています。その花の大きさや花弁の数などが何らかの原因で変わると、いろいろな種類のハスが作られることになるのです。あるいは、違った品種同士で交配が行われることによって、より新しい品種のハスが作られることもありました。最近は、人為的な交配品種作りが盛んになって、変異や品種本来の特徴、すなわち遺伝子の純系が不明になってくるという問題がおこっています。各地で栽培される大賀蓮の真偽が取り沙汰されるという現状は、人為的な交雑品種作りの容易さがもたらす一つの課題だと思います。

十合の池に咲くハス

守山市水保町中野地区の野洲川旧南流堤防ぞいにある池では、一面に花バスが生育しています。この池の花バスと大日池の妙蓮を比較研究することで、妙蓮という不思議なハスの実態を明らかにすることができました。そこで、この池とそこに生育する花バスのことを紹介しておきます。

十合のハスの花

この池は、一反歩（一〇a）近くの面積があり、百年以上前から非常にきれいな水をたたえる湧水池でした。そして長年の間、生活用水あるいは田畑の潅漑用水として利用されてきました。今でもこの池の二〇〇mばかり下流に、いろいろなものを洗うのに使っていた水洗い場が残されています。この池は、「十合の池」とよばれ、夏は子供たちの水浴びの池として親しまれていたこともありました。三十年ばかり前に植えられたサクラが、池のほとりで美しく咲いて、春はサクラ、夏はハスの花と、多くの人々のこころをなごませているのが十合の池です。この池は、中央部の水深がほぼ一三〇cmあり、池の底には、粘土質の泥が五〇～七〇㎝あまりの深さでたまっています。水深が一五〇㎝をこえるところでは、浮葉が育たないことなどが理由でハスは生育できません。このことは赤野井湾のハスが、水深約一五〇㎝以上の所では生育していないことで確かめました。したがって、ハスの生育にとってこの池は、極めて都合の良い池だといえます。水温は夏の間二二～二三度で、水素イオン濃度（PH）はいつも七・〇前後の値でした。

　昭和六十三年（一九八八）の春、近所の田中仁左衛門という人が、この池に花バスを植えました。それが二、三年の間に池一面に広がって花を咲かせるようになり、夏の風物詩のひとつになっています。しかし、近年、そばを流れていた野洲川が改修されたことで湧き水が減少するなど、池が荒れはじめてハスの生育にも影響が出ました。そこで、平成十三年（二〇〇一）には、池のそばに掘りぬき井戸を設置して水量を確保し、夏の早朝に町内の観蓮会を開くなど、中野町自治会あげて

4月下旬の十合の池

7月下旬の十合の池

「十合の池」の保護と、ハスを活用する取り組みがおこなわれています。ただ、新しい井戸の水は、年間とおして一八度前後の水温であるため、ハスの生育時期には二〇度以上に温めてから流す工夫が必要です。

この池のハスについては、その品種名や由来などくわしいことはわかりません。花弁のほとんどが紅色で、花の直径がほぼ二七㎝あり、花弁の数は二十～二十五枚あるので、大型一重の紅蓮系の品種となります。花弁に赤い条線がはっきりと目立ち、花の色は開花一～二日は濃い赤色ですが、やがて桃色にあせてきます。このような特徴からみると、原始蓮といわれるような古い品種に近いなかまのように考えられますが、確定できないので「十合のハス」と名付けておきます。

守山市内には、この池のほか、草津市域につづく赤野井湾にも紅蓮系の花バスが生育しています。このハスは、十合のハスとよく似た赤花ですが、別の品種と考えられます。しかし、どちらも大型一重の紅蓮系のハスで、基本的な構成器官の数や形をそろえている標準型といえる品種です。

ハスの花は開いて閉じる

夏の照りつける太陽のもとで、咲ききそっている豪華なハスの花は、一日中同じ状態で咲いているのではありません。ハスの花は、開いたり閉じたりという花弁の開閉運動をくり返しながら、開花四日目に花弁がすべて散ってしまいます。花が開閉運動をする植物は、ハスの他にもいろいろあります。チューリップ、クロッカス、マツバボタンなどの園芸植物や、カンサイタンポポ、カタバミ、キンポウゲなど道端にある草花でも観察できます。

十合のハスの花が開閉するようすは、おおよそ次のとおりです。開花前日のつぼみの大きさは、長さが一二・五cmで最大部の直径がほぼ六cmくらいです。このつぼみは、朝の三時か四時ごろになると、外側の花弁から次第にその先端部分をゆっくりと開きはじめます。つぼみ全体がふくらんできて、その先端を三~五cmばかり開いたのが一日目の花です。小さな壷か、花瓶のような形をしたこの花は、紅色の花弁もあざやかで生き生きとしています。一日目はこれ以上には開かないで、八時過ぎからその先端部分を閉じはじめ、正午ころには完全に閉じてもとのつぼみ形にもどります。

開花１日目の花

二日目は、三時ごろから花弁が開き始めます。最外部の四~五枚の花弁が少しずつ動いて、四時過ぎには、それらの花弁が花柄に対して九〇度くらいに開きます。その頃には、花全体がふっくらと膨らんで、先端部が少し開いていきます。朝日の出る、五時前からの開花は急速に進みます。船底型の花弁が外側から、次々と付け根のと

◀開花2日目の花

4時過ぎの花

5時過ぎの花

7時過ぎの花

ころで反り返るように広がります。そして、五時半を過ぎると全開の状態になります。この二日目の早朝六～八時ごろの花がもっとも華麗で、しかも魅惑的に見えます。やがて、八時過ぎになると、内側の花弁から次第に閉じ始めて、十一時頃には最外部の三～四枚を残して花弁は閉じています。昼過ぎには、開花前のつぼみの状態に戻っています。

三日目の花も朝の三時ごろから花弁を一枚ずつ開きはじめて、六時ごろには完全に開きます。この日の花は大きく広がって皿形になり、花弁の色はあせて紅色がうすくなってしまいます。また外側の花弁が風にゆられて散りはじめ、花托は受粉も終わり、全体が緑色に変わります。この花も正午前になると、内側の花弁からゆっくりと閉じはじめますが、完全には閉じません。四日目の朝になると、花はまた開いて、その日のうちに全部の花弁を散らせて、あとはおしべを周りにつけた蜂の巣状の果托が残ります。

ハスの花が開いたり閉じたりすることは、花弁をつくっている細胞の生長の違いによって起こる、生長運動といわれる現象です。温度や光の刺激によって、花弁の内側の細胞層が、外側の細胞層よりも生長の度合いが増してくると、花弁は外側へ反り返るようにして伸びるため花は開くことになります。また、反対に花弁の外側の細胞層が、内側の細胞層よりも生長がすすむようになると、その花は閉じていくことになります。このような細胞の生長の違いは、花弁の基部の細胞でとくに敏感で著しくなっています。このようにして、花弁の内側と外側の細胞の生長を交互にくり返すと、やがて花弁の生長がすべて終わり、その花弁は散り落ちていきます。

　ハスの花弁細胞の生長に影響をあたえる外部刺激は、光であるという報告もあります。しかし、雨が降って気温の低い日に開花が不完全であることや、暗室でも開花したことなどを考えると、光よりも温度が大きく影響しているように思われました。

『蓮の話』第三号に、「蓮の花は活発に温度調節を行う」という、オーストラリア・アデレード大学動物学準教授R・S・セイモアさんの論文（訳・青木久子）が掲載されています。これによると、ハスの開花時には外の気温の変化にほとんど関係なく、花の中の温度をかなり安定した状態に保っているとしています。一九九六年の観察によると、気温が一〇～四五度と変化したにもかかわらず、ハスの花中の温度は約三〇～三五度に維持されていたということです。このことは、ハスの花の受粉を助ける昆虫が、朝の温度の低い時期から安定した温度の中で活動できるようになっているのだろうと考えています。このような温度調節の時期が、花のめしべの受粉時期と一致しており、おしべが花粉を放出した後は、温度調節が終了したようです。そして、ハスの花の温度調節は、すべて個々の細胞レベルでおこり、ある種の生化学物質の合成、あるいは分解が原因となって熱発生の度合いを変化させているに違いないとしています。

　ハスの種の保存に大切な受粉作用にかかわる、ハスと昆虫の共生関係を説明する新しい研究成果です。そして、このような細胞レベルでおこるハスの温度調節作用が、ハスの花の開閉運動にも関係していると考えられます。

花が咲くときに音がするか

ハスの花が咲くとき、ポンと音がすると言い伝えられています。草津市の烏丸半島にある水生植物園のそばの湖岸は、夏になると、早朝暗いうちから大勢の人が、ハスの花を観賞するため集まってきます。そして、多くの人々が、夜明けとともに見事に咲くハスの花に感動するとともに、ハスの花が開くときの音を聴きだそうとして耳をすませている風景が見られます。烏丸半島の、琵琶湖岸にある夏の朝の風物詩のひとつです。

烏丸半島のハスの湖

昔から夏の朝早く、ハスの花を観賞してこの音を聞くための観蓮会が、各地で開かれていたということです。ハスの研究者として世界的に有名な大賀一郎さんが、この音を確かめるため三十人あまりの同好者とともに、昭和十年（一九三五）七月二十四日午前二時ごろ、東京上野の不忍の池に集まりました。この時のようすは、『蓮の話』（一九九六夏）のなかで大賀博士の弟子、長島時子さんが詳しく紹介しています。それによると、

NHKの協力を得て、開花一日目から二日目の花の花茎にマイクロフォンを結びつけ、それをレシーバーで音が出るかどうか耳をすませて聞きました。ところが、花弁の生長による摩擦音はあったのですが、花が開くときの音はだれも確かめることはできなかったということです。筆者もこの音を確かめたいと思って、夜明け前の十合の池や烏丸の湖などへ何度も出かけました。しかし、ハス池の中から魚のはねる音などさまざまな音は聞こえてきましたが、ハスの花の咲く時の音らしきものはついに聞くことはできませんでした。

ハスの花弁は、つけ根の比較的厚い部分でも二〜三㎜の厚さしかなく、きわめて薄くしかもひじょうに柔らかいものです。この花弁が一枚ずつゆっくり生長することで、花は次第に開いていきます。ハスの花の構造や、その生長のようすなどから考えると、花が咲くときに音が出るためのしくみは、どこにも備わっていないのです。

しかし、開花前日のつぼみや、一日目の閉じた花のふっくらとして見事なようすを見ていると、ポンと音でも発しながら一挙に咲くのではないかと思えます。また、開花二日目の豪華な花のようすを見るとき、音でも出しながらパッと一度に咲いたのではなかろうかと思えるくらい立派です。少しずつ明るくなる夏の朝、さわやかな冷気のただようハス池に、華麗で豪華に咲いたハスの花が姿をみせ始めると、ハス池の中からベートーベンの交響曲「田園」の第二楽章のメロディーが静かに流れ出てくるような気分になります。さざなみのように静かなバイオリンの調べにまじって、チェロやコントラバスのピッチカートが聞こえてきます。なおも耳を澄ませていると、フルートやピッコロの音がハスの湖から響くような気がします。あまり深い理屈など考えないで、夢や空想を描きながら、美しく咲いているハスの花の風景を眺めると、人生至上の悦びがえられるように思います。

ハスにただよう清浄な香り

夏の日、ハスの群生する池のほとりにくると、一種特有なハスの香りが漂ってきます。その華麗な花が咲いている早朝には、清楚な甘さを含み、高貴なグリーンがかったハスの匂いが、すがすがしい香気となって感じ取れます。

花の中には、よい香りを発散させて私たちを楽しませたり、また昆虫などをおびきよせたりしている種類が多くあります。ウメ、スミレ、バラ、クチナシ、モクセイなど、数え上げればきりがありません。花の香りはさまざまで、それぞれ花固有の香りがあって同じ香りのものはないように思います。また、人間にはまったく感じられない香りであっても、昆虫たちはそれぞれの花特有の香りを嗅ぎわけて、自分の好む花を識別しているようです。ハスのような虫媒花は、この香りがとくに強く、蜜や花粉を求めている虫たちを引きよせることで、花にとって大切な受粉を助ける役目をしています。また、花の香りの中には殺菌力もあるので、花や葉などに寄生する微生物の増殖を防いだりします。そのほか、花や葉などの生体内の化学反応を助けたり、蒸散作用を抑制して体内の水分の減少を防ぐなどの効果をもつものもあるようです。

花の香りの強弱と、その色との関係を調べた研究がありま す。それによると、白い花の場合がもっともその香りが強く、次いで黄色、桃色、赤色の順になっています。紺色、紫色、緑色では弱くなり、さらに橙色、褐色などでは花の香りがもっとも弱いという結果が出ています。この調査結果からすると、ハスの花のすべてが強い香りをだす色で構成されていることになります。また、赤、白、黄を主体とするハスの花のいずれもが、開花して二日目までのおしべと花托の色が、黄金色にひかり輝いていることの意味が納得できます。

昆虫がやってきたハスの花

花の香りは、植物精油、すなわち芳香油とよばれる物質がその根源になっています。一般的には、この成分はおしべや花弁に多く含まれています。植物によっては、花以外のところにも多く含まれている場合もあります。たとえば、ハッカ、ラベンダーなどでは葉に、ニッケイ、クスなどでは茎や樹皮に、レモン、イリスなどでは根や果実あるいは種子に多く含まれています。ハスでは花のほか、葉身や葉柄、種子にもいくらか含まれており、若芽や若葉にはやや多いように思われます。香りの成分は、舌の表面の細胞を刺激すると特別な味になって感じることになります。ハスの若葉を使って、ハス飯を作ったときのさわやかな独特の味はこの成分が原因になっています。また、種子が緑色のとき、その皮をむいて子房を食べると、かすかに苦みのある緑がかった味がするのもこの成分です。緑色の種子で果実酒を作ると、ワインカラーになったハスの移り香を長く楽しむことができます。

『蓮の話』第四号に「蓮の香り」と題して、資生堂開発研究所の蓬田勝之さんの論文が掲載されています。この論文の要点を引用して、ハスの花の香りのことを解説します。

東京大学緑地植物実験所の大賀蓮など、四十九品種を材料にしてハスの香りを分析しています。それによると、一・四―ジメトキシベンゼンという香気成分が多く含まれており、この成分が甘さのなかに少し薬くささのある主香気成分となって、ハスの神秘的な香りを特徴づけているということです。この成分は、ライラック、ヒヤシンス、サクラなどの精油にも含まれるそうですが、ハスに最も多く含まれて、その香りの特徴になっているようです。アメリカ産のハス、王子蓮には、これが九七％含まれ最高値を示し、東洋産のハスは、二〇～八〇％の範囲で含まれているようです。大賀蓮と王子蓮との交雑種である舞妃蓮は、七〇％の含有量を示して、大賀蓮と王子蓮の中間の含有率を示していたようです。香気成分の含有量やバランスによって、ハスの品種の違いとか、その交雑の状態が判明することになると報告しています。

赤花八重の仏足蓮を用いて、開花から四日間の香気成分の変化を調べています。それによると、一・四―ジメトキシベンゼンは開花三日目まで増加をしめし、カリオフィレンとペンタデカンという成分は開花一日目が最高で、二日目、三日目と減少したようです。このことは、開花二日目に受粉するといわれるハスの花が、昆虫を引きよせる物質として、これら三成分が大きく作用していることがわかりました。さらに、真如蓮の花弁とおしべの成分を調べたところ、ハスの香りはおしべが代表していて、花弁の香りはあまり関与していないということです。妙蓮は、おしべやめしべがないため、常蓮のように香りは強くありません。しかし、葉や葉柄にその成分が常蓮と同じように含まれているように思います。ハスの香りについてのくわしい研究は、ハスの花の生態や、分類にかかわる画期的な事実をいくつも解明してくれました。

食用にするハスのはなし

和銅六年（七一三）に編まれた、『常陸風土記』に「神代に天より流れ来し水沼なり、生ふるところの蓮根、味よいことにて、甘美きこと他所に絶えたり、病ある者この沼の蓮を食えば、早く支えて験あり」と記されています。ハスの実やれんこん（蓮根）が古くから食用や薬用として利用されていたことは、このほか、『肥前風土記』や『延喜式』などにも記されています。しかし、現在の食用バスのように、れんこんが掘りやすく食用に適した品種ではなかったようです。池に自然に生えている花バスのれんこんを、苦心して掘りおこしていたと考えられます。

食用バスについての古い記録は、鎌倉時代に道元という僧が、また徳川時代の初めに隠元という僧が、それぞれ中国から食用のためのハスをもち帰ったということです。それが各地に広がって、食用品種として普及していったようです。しかし、これらのハスでも、掘り起こすことが困難なことなどで、一般に利用されることは少なかったようです。加賀五代藩主前田綱紀のころに、尾張や近江などからハスを加賀に移し植え、米の取れない湿田の代替作物として広めたといわれています。これが有名な加賀れんこんの始まりであったという説もあります。このころのれんこんは、やはり池の底の土中深いところにあるので、掘りあげるのに苦労し、その収量は少なく高価であったようです。

明治九年（一八七六）に勧農局試験場の武田昌次という人が、中国大陸の南部からシナバスという品種を輸入して、これを国内各地に移植しました。その後、このシナバスと、在来の品種との間で品種改良が進められ、現在では食用バスとよばれている品質の良いハスができました。これら食用バスは、れんこんが地表より三〇㎝までの浅いところにあるので掘り取りが比較的容易であり、また丸みをもって肥大し、風味があり、味もよいので各地で広く栽培されています。春に一本植えたれんこんが、秋には二千本くらいに増えるほど、生産力の大きいこともその特徴です。石川県の加賀れんこん産地で聞いた話では、

れんこんの輪切り

加賀れんこん

休耕田の活用の意味もあって食用バスの栽培は盛んで、稲作をうわまわる収入になるということでした。また、お盆の前にはわずかに赤みがかった大型のハスのつぼみを切り取って、仏花として京都方面に大量に出荷していました。れんこんだけでなく、その花も収入源になっているのです。

食用バスの品種の分けかたは、昭和三十八年（一九六三）に、佐賀農業試験場の南川勝次という人がおこなった基準が使われています。それによると、前に記した明治九年に中国から入ってきたシナバス、それといつの時代か明らかではありませんが、中国から入ってきたとされる備中種、さらに昔から日本各地で栽培されていた在来種という三品種に大きく分けています。それらをさらに、れんこんの形や大きさなどの特性で十品種ばかりに細かく分類しています。

れんこんは穴の開いていることから、見通しが良い縁起ものの食品として、正月や祝いごとの料理に欠かせないものです。蓮文化研究会の小野陽子さんによると、れんこんは栄養価が高く、ビタミンＣ・カリウム・植物繊維が豊富なため、疲れをいやし、若さを保ち、体内の停滞廃物を排泄させ、血液の浄化や、内蔵の働きを正常にし、抵抗力を強めるため、風邪をひきやすい人や衰弱の人にはよい食物であるとしています。また、皮膚の新陳代謝を盛んにし、吹出物やしみを防いで肌を美しくし、貧血や更年期障害など、女性の健康と美容に効果が高いものであるとされています。

成分は糖質がほとんどで、たんぱく質も多く、ビタミンＣはキャベツより多く含まれており、肝臓の働きによいビタミンＢ群も含まれています。ミネラルの中では、細胞機能の低下を防ぐカリウムが多く含まれています。最近、ルチンという老化防止に役立つ物質が含まれていることに注目されています。

ハスはれんこんだけでなく、葉も花もその実も、食用や薬用として利用されています。中国では昔から、多種多様な料理法や利用法が伝えられており、万病の薬として、また心身を生気躍動させる食品として珍重されてきました。日本各地のハスについても、幅広い利用の方法が考えられ、その料理方法などが広がりつつあります。

第二話　妙蓮というハスのはなし

妙蓮の葉のようす

大日池に出始めた浮葉

浮葉から止葉へ

妙蓮の葉のつくりやその生育状態は、ふつうのハスとほとんど違いはありません。ここでは、大日池の妙蓮の葉がどのようになっているかを調べて、ハスという植物にある葉のようすを説明します。なお、妙蓮という特殊なハスに対して、ふつうのハスのことを常蓮とよぶことにします。

四月半ば、池の水温が一八度を超えるころになると、前年の枯れた茎が散在している水面に、小さな浮葉とよばれる葉が出はじめます。左右から巻いて剣先のような形になった葉が、水面に顔をつき出し、四～五日たつと小さな皿状の葉になって水面に浮かびます。

初めに出る浮葉は、長径八㎝に短径三㎝ほどの小型のものであるため銭葉ともいわれます。この銭葉に続いて、二週間ばかりの間つぎつぎと浮葉が数を増やして水面に広がっていきます。後から出た浮葉は、長径二五㎝に短径二〇㎝ばかりの大きな葉になっています。やがて、池の水面のほとんどが浮葉でおおわれるようになります。最初に出た銭葉が赤みがかっているのは、妙蓮が紅蓮系のハスであることを示しているようです。

浮葉は、その裏を水面につけて浮いているので、スイレンのなかまに間違えられることがあります。しかし、この浮葉は盾型になっており、葉の表面には水玉がいくつもころがって輝いています。

浮葉の間から伸び上がる立葉

浮葉の葉柄の長さは、五〇〜六〇㎝くらいあります。その長い葉柄は、水深が一〇㎝前後の浅いところでも水中で曲がって伸びています。浮葉の葉柄は、柔らかいつくりになっているので、葉身を水面高くに支えることはできません。それでも葉柄が長くなっているのは、増水して水位が高くなっても、葉を浮かせることができるようにするためです。

この浮葉という小型の葉は、冬越しをしてきた蓮根の節から直接出るものと、その蓮根から分岐した地下茎の最初の節から出ているものがあるようです。このあとで伸びる地下茎の節からは、立葉と

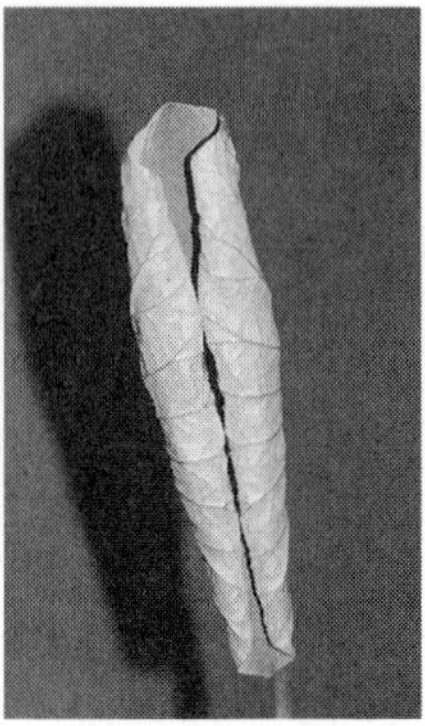
開き始めた立葉

一定の角度で傾いている立葉

いうハス本来の葉が次々と立ち上がってくるのです。

浮葉が、池の水面のほとんど全体をおおうように広がるころになると、浮葉の間から剣先型の巻き葉をつけた立葉が、水面上二〇〜三〇cmの長さに伸びあがります。この葉の伸び初めは、その葉身を細長く巻いて両端が尖っているので、剣葉と呼ばれています。剣葉は、巻いている葉の開閉運動を繰り返しながら生長します。その葉柄が三〇cm前後に伸びると、それまで巻いていた葉身を左右に開いて、盾型の葉を広げます。完全に開いた葉身は、直立する葉柄に対してある角度をとって立っています。妙蓮では、上向きの角度がほぼ一四〇度、下向きの角度が七〇度くらいで一定していました。このように、葉身がある角度で傾いていることは、葉の表面がそれぞれ光をうけやすくすることと、雨水などが葉の表面に貯まらないで流れやすくするのに役立っています。立葉の葉柄は、その細胞の壁にリグニンという物質が含まれて葉柄全体が丈夫になっているため、大型の葉身を水面上高くに支えることができます。

立葉は、次々と立ち上がって池全体をおおうようになり、その大型の葉が風にゆらいで

波打つように広がった立葉

大日池に広がり始めた立葉

波打つようになります。立葉の葉柄の長さは、最初に出たものは二〇～三〇㎝と短かったものが、次々と出てくるにしたがって、より高く伸び上がっていくようになります。最終的に出てきた立葉の葉柄は、一八〇㎝を超える長さになっています。この時期の蓮池の葉は、浮葉を入れると、上下六層くらいになっています。そして、最下層の浮葉などは、日陰になって黄色くなったり腐り始めているものもみられます。

ハスの葉は、まず浮葉が出て水面に広がると、やがて立葉が出て浮葉の上に葉を広げていきます。その後に出てくる立葉は、葉柄をより長く伸ばして、前に出た立葉の上により大きな葉身を広げるようになります。このように、浮葉に続いて立葉が出てその葉を上に広げ、さらに大型の立葉がより高く葉を広げていくことは、限られた水面で少しでも有効に光を利用しようとするための適応現象ということができます。

葉身のようす

葉身の大きさや葉柄の長さは、ハスの品種によっていくらか違いがみられます。しかし、同じ品種のハスであっても、生育している場所の広さや肥料など、環境条件の影響によって生長する葉の大きさや葉柄の長さなどが異なってきます。
大日池の妙蓮の葉身は、もっとも大きい立葉で短径五五㎝、長径七五㎝ありました。これだけ大型の葉を支える葉柄は、直径が七〜八㎜と太く、その長さが一二〇〜一八〇㎝ありました。しかし、小型の葉を支えている葉柄は、それなりに細く短いものでした。

葉の中央には、葉身を一㎝くらいに縮小したような形になった灰白色の部分があります。この部分を荷鼻、または中盤と呼び、そのちょうど裏側に葉柄が付いています。この荷鼻から二十一〜二十四本の葉脈が放射状に出ています。妙蓮の葉では、二十二本の葉脈をもつものが最も多くありました。葉脈は、主脈と底脈が葉の上下にとおり、その両側に支脈がふつう十本ずつ出ています。支脈は、二又の分岐を四〜五回繰りかえして葉の縁まで延び、その先が結び合わさるようになって網状になっています。このように太い葉脈が二又に分かれることを繰り返すような形式を二又脈系といって、被子植物で普通に見られる網状脈系や平行脈系と異なっています。二又脈系は、多くのシダ類やイチョウの葉などに見られるもので、ハスの葉には被子植物の起源の古い部分が残されているようです。

葉の断面を顕微鏡で調べると、葉脈のところには維管束と二つの通気道の穴があります。維管束とは、根が吸収した水分が通る木部と、葉で作られた養分が通る師部からできた組織です。木部で水分の通る管を導管、師部で養分が通る管を師管といいます。維管束の役割は、人間の体にある血管のようなものです。一般の植物の葉脈は、維管束とそれを支える丈夫な組織でできていますが、ハスの葉脈には通気道が通っているのが特徴的です。また、葉身の部分の細かい葉脈には、維管束と小さな通気道が一緒になって通っています。

荷鼻の中央から葉柄に向けて縦断面を作ってみると、縦にはしる通気道が荷鼻のところでは広い空間をつくり、葉身からくる通気道がここに集まっているのがわかります。ハスの葉や

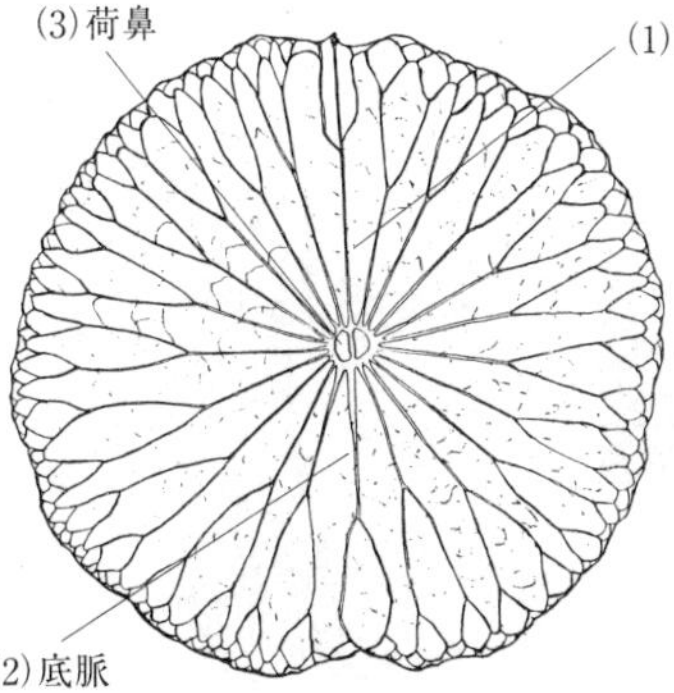

葉身の全体図

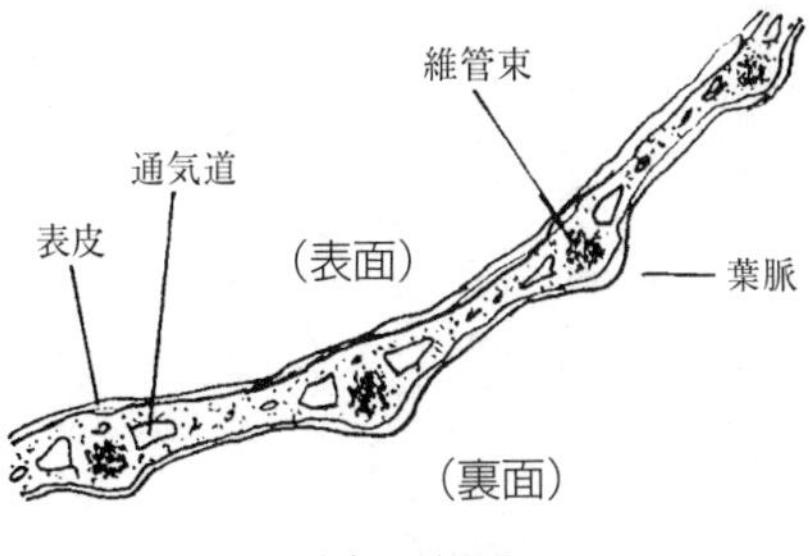

葉身の断面図

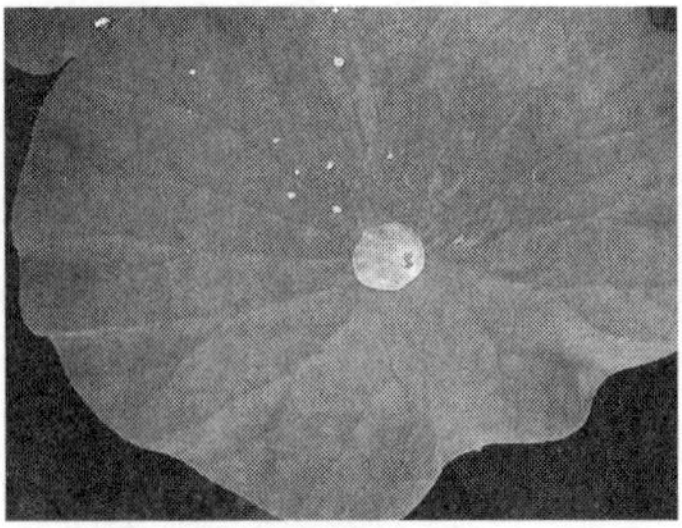

低温沸騰のようす

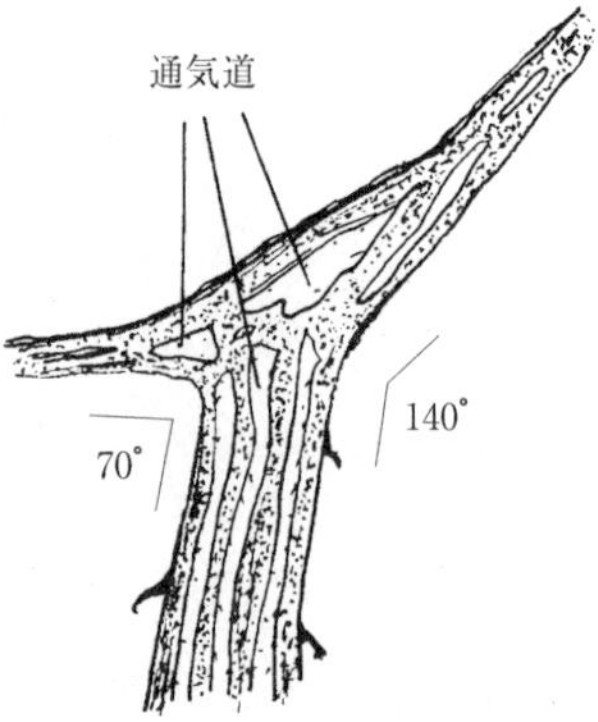

荷鼻の断面図

葉柄に、通気道という空気の通り道がたくさんあるのは、酸素の少ない水底や泥の中で生育するのに都合よくするためです。

荷鼻は、葉身や葉柄からの通気孔が集合しているところで、外界とのガス交換がもっとも盛んな場所になっています。よく晴れた日、荷鼻の窪みに水をためてみると水泡がたくさんとび散って沸騰しているようにみえます。これを低温沸騰と呼び、雨や曇りの日にはこの現象は見られません。このことは、気温の高い晴れた昼間、葉でおこなわれる光合成の量が大きくなった結果、放出される酸素の量が極めて多いことをしめしています。

ハスは、大型の葉を群生してその光合成量が非常に大きいため、消費する二酸化炭素の量も多く、地球温暖化防止に役立っている植物といえます。

葉の表面は、毛耳《もうじ》と呼ばれる一〇〇分の一㎜くらいの微少な乳頭状突起が分布しています。この毛耳は、表皮細胞の壁が変化してできたもので、これが葉の表面についた水をはじくため水玉ができま

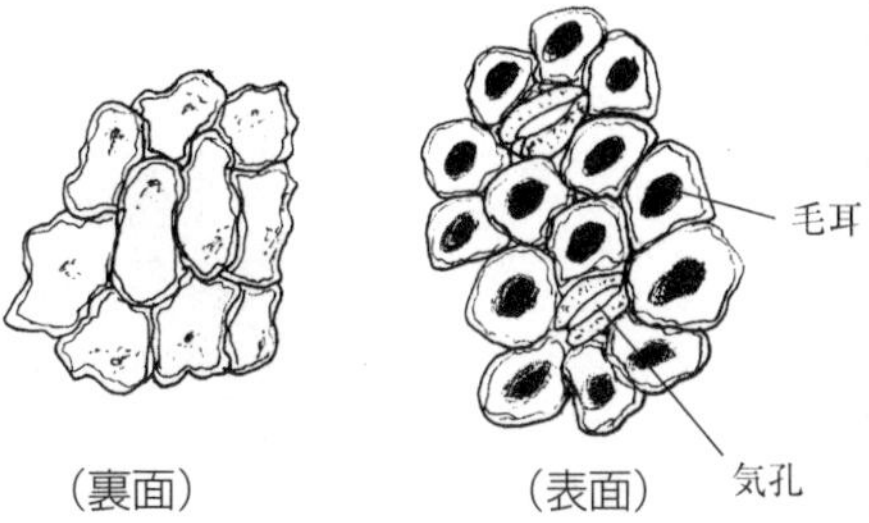

表皮細胞の写生図

す。ハスの品種によって毛耳の長さにいくらか長短があり、長めの毛耳をもつ葉ではその表面がざらつくように感じられます。

気孔とよばれる細胞のすき間は、ハスの葉では表面にあります。その気孔から、呼吸や光合成に必要な空気が出入りしているのです。そのため、葉の表面にたまった水が気孔の働きを妨げないように、毛耳という突起がつくられて水をはじくようにできています。花弁にも、同じように水をはじく特徴があります。このように、ハスの葉や花弁が水をはじくことから、汚れた泥の中から伸びて咲くハスの花が汚れずに清浄であるとして、「蓮華不染」という仏教の根本思想のようなものが考えられたのでしょう。

葉柄のようす

葉身と地下茎をつなぐ茎のような部分を葉柄といい、楯状の葉身と、それに付く葉柄で一枚のハスの葉が形成されます。ハスの葉の大きさは、被子植物の中でも最大級のものになります。葉柄のつけ根に一対の小さな托葉が付いていますが、これは泥のなかにあるので普通みることはできません。

葉柄の表面には、小さな刺《とげ》が下向きについています。妙蓮の刺は、常蓮に比べるとより小さくてまばらについています。葉柄を折ると、その断面から極めて細い糸がひっぱるようにして伸びてきます。この糸は、維管束の木部にある導管のら旋状の細胞壁がほぐれて伸びてきたものです。この糸を「藕《ぐう》糸《し》」と呼び、中将姫が当麻寺の曼陀羅を織ったといい伝えられているハス糸です。中将姫が妙蓮の藕糸を使って曼陀羅を織ったため、妙蓮には藕糸が無くなっているという古い話も伝えられています。

象鼻杯のようす（小森 晃撮影）

葉柄を切り取ると、その切り口から白い乳液がにじみ出てきます。これは水底にある地下茎から出てくる空気が、葉柄に含まれている成分を一緒に押し出しているのです。晴れた暑い日には、とくにたくさん出てきます。この乳液は、葉全体にも含まれるもので、にが味のなかにハス特有のさわやかな味が含まれています。このため、葉や葉柄の煮汁でご飯を炊いて荷葉飯をつくることができます。また、葉柄を長く切りとった葉身に酒を入れて、葉柄の切り口からハスの成分がまじった酒を飲むという風流も楽しむことができます。このとき、葉身にある酒を水玉状に転がしながら飲むとより風情が増します。これは、中国で古くから「碧筒杯」といわれて親しまれており、その酒を飲むようすから「象鼻杯」ともいわれているものです。

葉柄の断面をみると、四つの大きな通気道と周辺にある小さな通気道が目立ちます。通気道のまわりには維管束が通っています。大きな通気道の中には、鼻毛のように小さな刺がまばらに生えているのが特徴的です。

秋風が吹くころになると、葉は次第に褐色になって枯れはじめ、やがて葉柄の先が下向きに曲がって枯葉を水中に落とします。葉柄は木化していて硬いため、簡単には腐敗しないので立ったままになっています。ハス池の中で、茶色く枯れた葉柄が立ちすさぶ風景を「敗荷」と呼んでいます。葉柄の立ち並ぶ中に、枯れ花が首を下げるようにして混じっている風景は、妙蓮池にだけ見られる特徴的な敗荷のようすです。

妙蓮の葉柄と花柄の断面

大日池の敗荷風景

妙蓮の根茎のようす

蓮根のようす

蓮根といわれる食用になる部分は、ハスの根ではなく茎です。ジャガイモやタマネギの食用になる部分が、根でなく茎であるのと同じことです。これらの茎は、いずれも地中で生育するので地下茎とよばれ、地中で養分を大量にたくわえて塊状に肥大しています。

ハスの葉が出て、花が咲くころの地下茎は、直径一㎝余りの細長いものです。この細い地下茎は、水底の地下一五㎝ぐらいの所を枝分かれして横走しています。各節から葉柄や花柄を出し、節の左右に側枝を伸ばして増えていきます。夏の終わるころに止葉が出ると、地下茎は下向きに伸びて、地中三〇～四〇㎝の深さにもぐり、その先端の三～四節を肥大生長させて蓮根をつくります。蓮根が地中深くにあるのは、熱帯原産のハスが寒い冬を越すためにとっている自己防御の作用であると考えてよいでしょう。

寒い冬の間地中深くにある蓮根は、翌年の春に水温一三度以上になるまで冬眠しています。三月の中ごろ、栽培池にある妙蓮の地下茎を掘りおこしてみました。それは、地中四〇cmくらいの深さのところに三～四節ずつ連なっており、先端の節は上を向いて、ほぼ二五cmくらいの深さのところで頂芽を出しています。それぞれの節の間からは、葉芽や花芽とひげのように細長い根がたくさん出ています。根の長さは、最も長いもので五cmあまりで、その太さは三mmくらいです。食用バスの品種である加賀蓮根が、まるまると肥えた節を四～五節つけて生長しているのに比べると、妙蓮の蓮根は、全体として細く、ときに曲がったものがあります。蓮根が曲がっているのは、栽培池のように狭い場所で生育していたことに関係していると思われます。

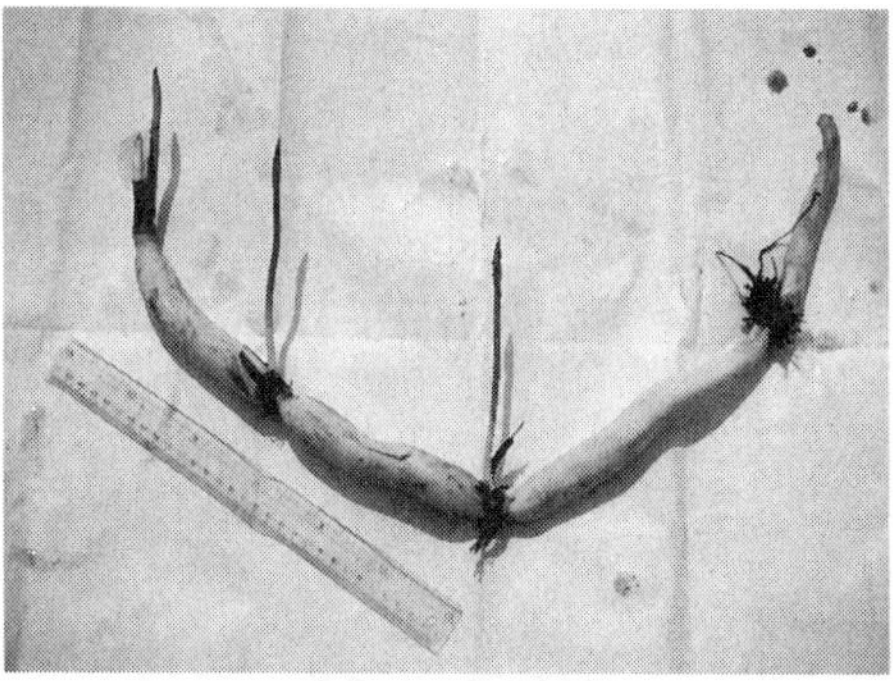

3月ころの妙蓮の蓮根

蓮根の一節の長さは、一〇～二〇cmとさまざまで、その太さは最も太い部分で二・五～三cmばかりありました。加賀蓮根に比べると、長さは変わらないものの、太さはずいぶん違いがありました。しかし、妙蓮でも肥料などの条件が良い場合には、五cm近くに太くなることもあります。調査した妙蓮の蓮根を料理して食べてみました。加賀蓮根など食用バスの蓮根に比べると、甘味が少なくてえぐい味がつよく、かえって上品な味わいのようなものがありました。

妙蓮の蓮根の断面を調べると、中央に小さめの穴が一個あ

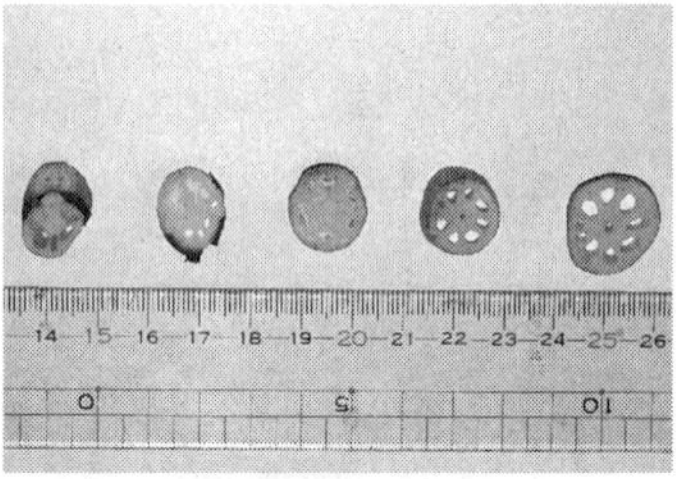

妙蓮の蓮根の断面

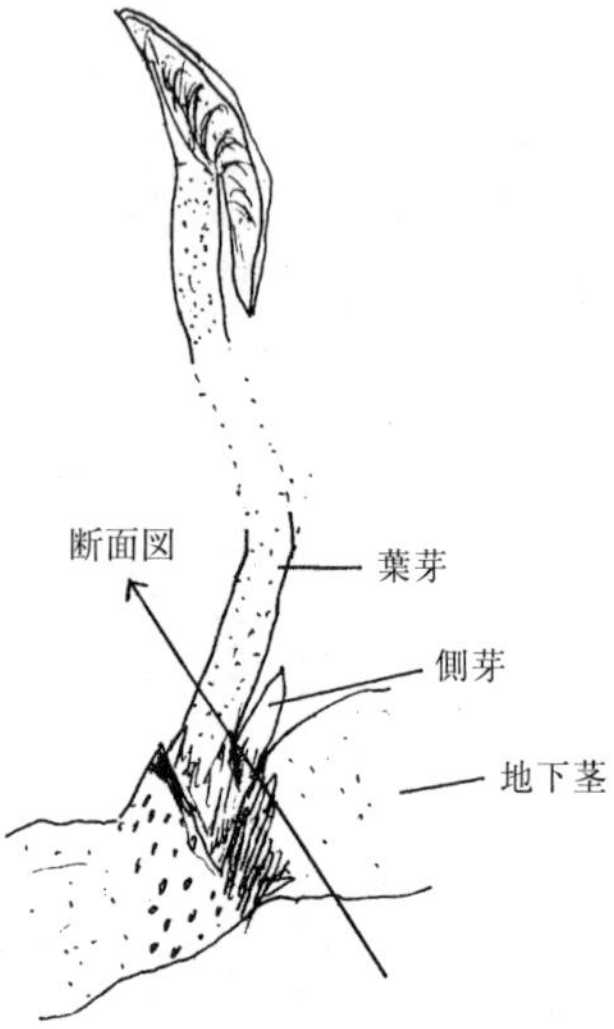

蓮根の先端部

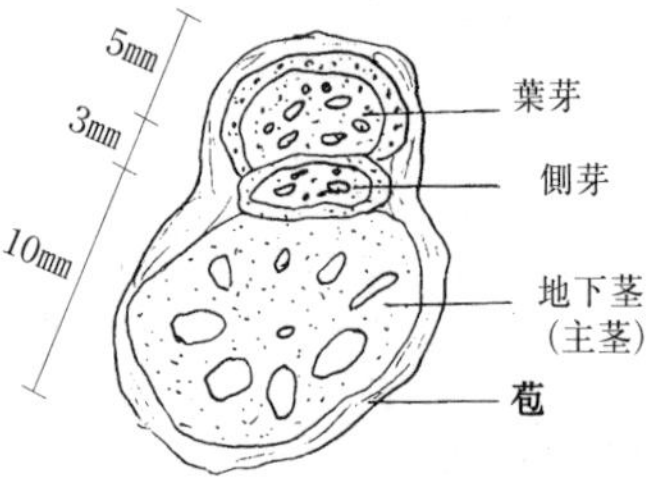

先端部の節とその断面

り、その周りに七個の大きな通気道と二個の中くらいの通気道が並び、拡大鏡で見ることができる小さな通気道が十〜二十個散在しています。蓮根の先端の部分の断面は、頂芽、側芽と葉芽の三つの部分に分かれていました。頂芽は新しい地下茎を伸ばしていく芽で、側芽は分枝する地下茎を伸ばす部分です。蓮根に付く葉芽は、伸び上がると浮葉として生長する部分です。

蓮根の節の部分の断面をみると、通気道が肉眼で認められないくらいに細くなり、まわりの組織が緻密になっています。このことから考えると、蓮根の大きな穴は空気を貯蔵することにも役だっているようです。

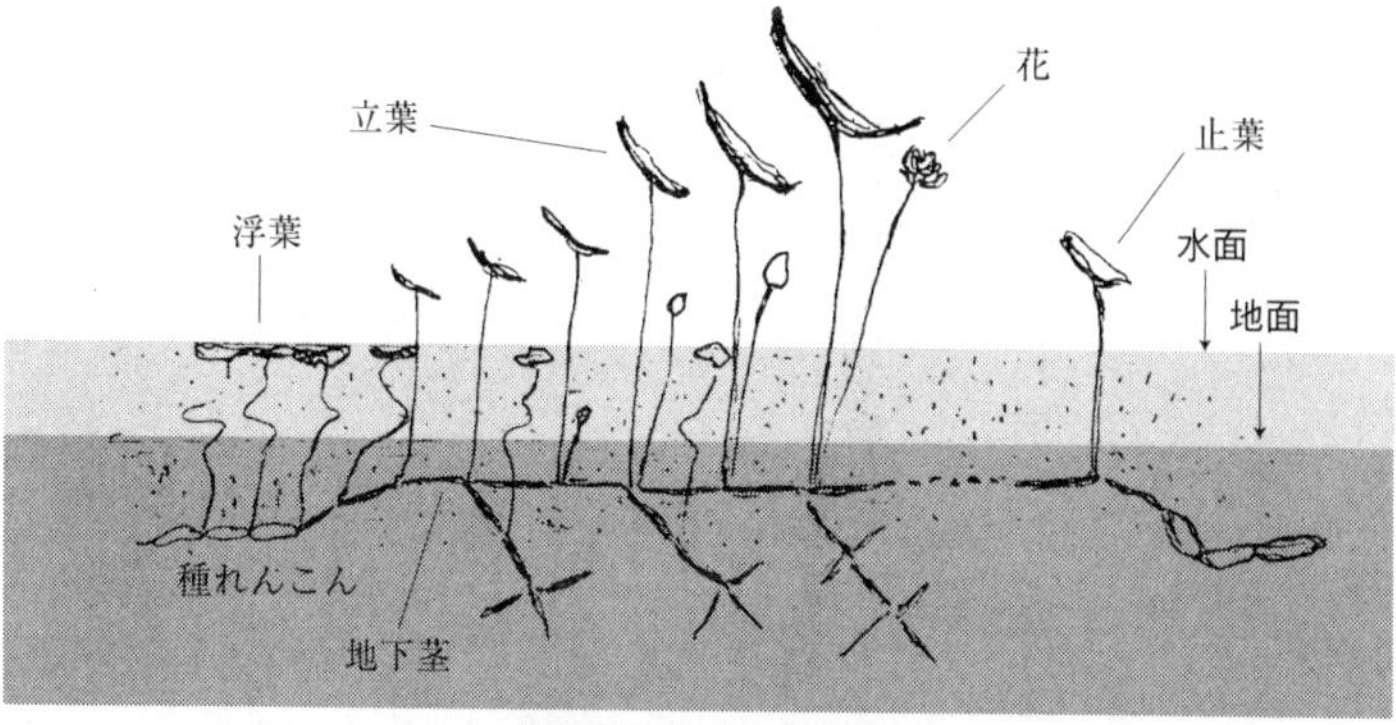

地下茎の伸びるようす

地下茎の発育

地中四〇㎝ぐらいの深さにある蓮根から伸び出た地下茎は、直径七〜一〇㎜の太さで伸びていき、一五㎝から二〇㎝ごとに節をつくることを繰り返します。二〜三節目から後は、地面下二〇㎝くらいの浅いところを伸びていきます。最初に伸びた地下茎の三〜四節目からは、子枝にあたる分茎が出てきます。その子枝の二〜三節目からは、さらに孫枝にあたる分茎が出るというようにして、地下茎は平面的に広がっていきます。食用バスなどの場合には、肥料、温度、面積などの条件がよければ、一本の蓮根が最終的に千五百〜二千本の蓮根に殖えるといわれています。

地下茎の各節からは、髭のようになった多数の根と葉芽が出てきます。蓮根から最初に出た地下茎の一〜二節目の葉芽は、浮葉を伸ばしています。枝分かれした子枝の一〜二節目も浮葉になり、その後は立葉を順次高く出していきます。立葉の出た節からは、花芽がややおくれて伸び出てきます。立葉と花が対立して出てくることから、中国ではハスのことを藕と呼び、めでたいことの象徴になっています。

花芽が伸びるためには、水温が二二～二三度をこえることが必要です。蕾をつけた花柄が伸び初めて、その花を咲かせるためには二十日ちかくの日数が必要です。しかし、気温と水温が高くなるにしたがって花を咲かせるまでの日数は短くなっています。

分枝する地下茎

主茎が伸びて一〇～一四節になるころ、夏も終わりに近づき止葉が出てきます。子枝も孫枝も先端の節から、同じころに止葉を出します。この後は、地下茎が四〇㎝くらいの深さに伸びて蓮根を作って冬越しすることになります。夏の間茂っていた葉は枯れはじめ、葉柄や花柄を伸びさせていた細い地下茎も枯れます。この後の妙蓮池は、「敗荷」と呼ばれる風景になって冬を迎えるのです。

妙蓮の花

妙蓮の花とつぼみ

奇妙な花の特徴

妙蓮は、ハスと呼ばれる水生植物と同じなかまです。したがって、葉や蓮根のようすは普通のハス（常蓮）と全く同じ形をしており、その働きなども同じようになっています。ところが、咲いた花のようすは、常蓮とずいぶん異なっています。妙蓮というハスの花は、常蓮の花に必ずある蜂の巣状の花托やおしべがなく、花弁だけでできているのです。

六月の末ごろになると、池の水温が二〇度を越えるようになります。すると、妙蓮池の立葉の付根から小さな花芽が伸びはじめます。やがて、水面上に一〇cm前後の長さに伸び上がった花柄には、三cmほどの長さのつぼみをつけています。このつぼ

伸び始めて10日前後の妙蓮のつぼみ

水面に顔を出した妙蓮の花芽

みの形や、それが大きくふくらみながら伸びていくようすは、普通のハスのつぼみが生長する場合とほとんど変わりません。花芽が伸びはじめてから二十日余り過ぎると、八㎝前後の大きさのつぼみに生長しています。このつぼみのようすは、先端部が薄桃色で、全体的にふっくらとしているのが特徴的です。しかし、つぼみの外見は普通のハスのつぼみと比べて大きな違いは見られません。ここまでの経過は、妙蓮でも常蓮と変わるところがありません。つぼみの時期の妙蓮池のようすは、普通の蓮池のようすとほとんど同じ風景です。

妙蓮のつぼみのようすを、いろいろな部分について、常蓮である十合のハスと比べてみます。十合のハスのつぼみの重さが三〇～五〇gであるのに対して、妙蓮のつぼみの重さは六〇～一二〇gと倍近くありました。このようなつぼみの重さは、一m前後に伸びた細い花柄では支えられなくなり、開花前になると倒れるものが多くなります。妙蓮池では、この時期になるとつぼみが倒れないように支柱を立て、それに結びつけます。この作業は、たいへんな苦労を伴いますが、その時期につぼみが

花弁を散らせている花

開花間近の妙蓮のつぼみ(左)と開花した花(右)

どれだけ上がっているかを数える目安になっています。そして、最終的に使用した支柱の数から、その年に咲いた妙蓮の花の数を推定することができるのです。

妙蓮のつぼみは、長さが八㎝前後、横幅のふくらみが五㎝を超えるころになると、外側についている大型の花弁が少しずつ散り始めます。この大型の花弁を散らし始めると、妙蓮の花の開花が始まったことになります。常蓮の花は開花して四日目に花弁が全て散り落ちますが、妙蓮の花は、大型の花弁を約十五日間にわたって外側から散らせていきます。しかし、散り落ちる大型の花弁の内側にある多数の花弁は、散らないでその後数日間は開花が続いているように見えます。そして、散らないで残った多数の花弁は、そのまま花柄についたまま枯れていきます。ただ、開花の期間が長いため、中央部に密集している小さな花弁が雨露などで黒く腐蝕することがあり、いくらか見苦しくなる花もあります。

妙蓮と常蓮のつぼみの断面を比べる

妙蓮と十合のハスで、長さが三㎝くらいになった小型のつぼみを比べてみます。その外形はほとんど同じように見えます。ところが、それぞれのつぼみを縦割りにして、その断面のようすを比べてみると、つぼみの内部が全く違ったしくみになっていることが分かります。十合のハスでは、花弁に包まれた中央におしべと蜂の巣状の花托が存在しています。しかし、妙蓮ではおしべも蜂の巣状の花托も見られず、多数の花弁が何層にも重なっているのが見られます。その花托は、中央で小さな棒状に伸び、多数の花弁の付着点になっています。

開花前の大きなつぼみを、妙蓮と十合のハスで比較してみます。十合のハスのつぼみは、長さ一〇～一三㎝最大幅五～六㎝あり、その先端が尖っています。妙蓮のつぼみは、長さ七～九㎝最大幅五～六㎝あり、短かめでふっくらしているように見えます。それぞれの縦断面は、小型のつぼみの時期とほとんど変わりがないように見えます。しかし、十合のハスでは花弁や蜂の巣型の花托が大きく生長しているのに対して、妙蓮のつぼみでは花弁の数がさらに多く増えています。そして、棒状であった花托の先端部が二つに分岐し、分岐した部分についている花弁と分岐する下の部分につく花弁の違いができています。この時

妙蓮のつぼみ（５日目と10日目）の縦断面

十合のハスのつぼみ（８日目）の縦断面

期の妙蓮の花托は、必ず二つに分岐しており、分岐した花托の部分についた小型の花弁は、その数を増やし続けます。そして、花托の下の部分についた大型の花弁は、花全体を取り囲んで共同花弁になるのです。この共同花弁といわれる花弁は、そのほとんどがやがて散り落ちていく花弁なのです。

二つに分岐した花托は、それぞれがさらに細かく分れて、その先端部分をこぶ状に分岐していきます。こうして幾つにも分岐した花托の表面は、大小幾つもの花弁群が付着する土台になっているのです。最初二つに分かれた花托は、同じ大きさでなく、やや大きい部分と小さめの部分に分かれています。そのため、開花し始めた妙蓮の花は、おおまかに大小二つの花弁群に分かれているように見えます。十合のハスの花托では、蜂の巣型のままで大きく生長してめしべを付けるのに対して、妙蓮の花托は、幾つもの花弁群が付着する土台となるため、まず二つに分岐して、それがさらに細かく分岐しながら生長していくのです。花の内部で、花托と花弁群の生長が続くことが、花の外側を取り巻く共同花弁を押し広げる

開花前のつぼみの縦断面
十合のハス（左）　妙蓮（右）

開花前のつぼみ
十合のハス（左）　妙蓮（右）

ため、その花弁を外側から散らせることになるのです。

妙蓮と十合のハスで、開化前のつぼみを輪切りにして調べてみました。十合のハスのつぼみの輪切り面は、外側を囲んだ花弁の中にたくさんのおしべと、それに取り囲まれた花托が黄色い心皮（めしべ）を並べているのがわかります。妙蓮のつぼみの輪切りでは、おしべや蜂の巣状の花托がなくて、花弁が幾層にも巻きあって大小のうず巻き状の群を作っているのが見られます。この輪切りのつぼみを少しほぐしてみると、十数個ある小さな花弁の層を二～三個ずつまとめるようにして花弁が取り巻いて、より大きな花弁の群を作っていることがわかります。大きくまとめられた花弁の群の層は、その全体をさらに共同花弁で取り囲んで一つのつぼみを作っているようすがわかります。この大小の花弁群の数は、花によってそれぞれ違いがみられます。

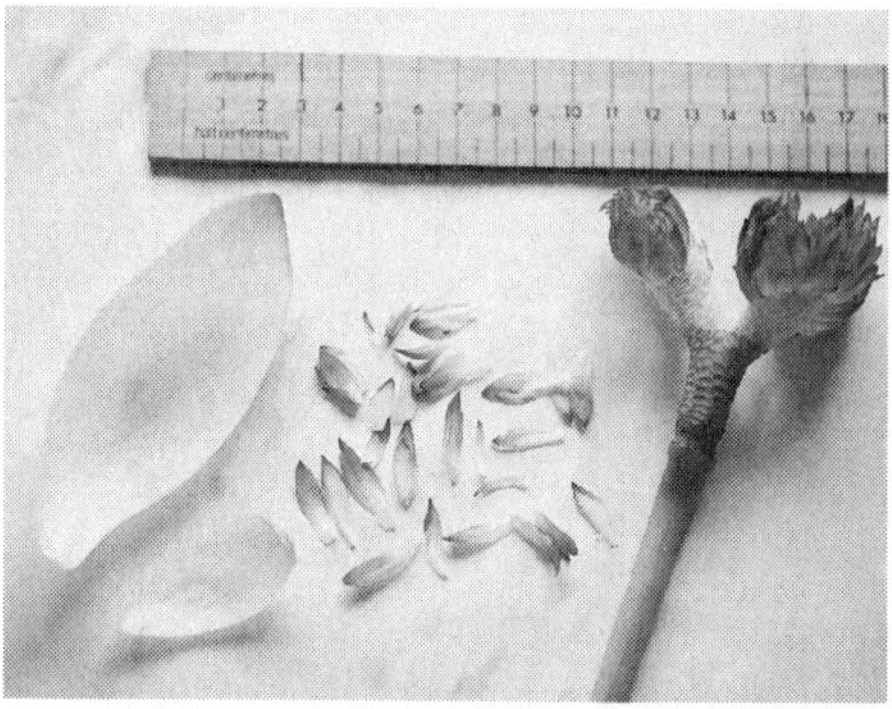

花弁を取り外した妙蓮の花托は２つに分岐している

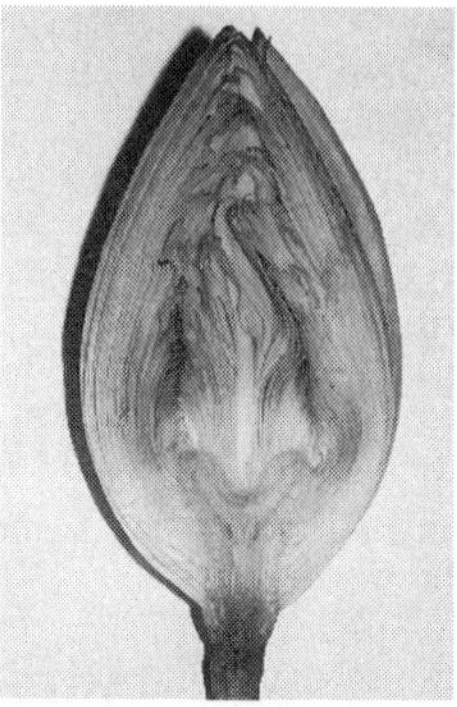

花托が２つに分れている
妙蓮のつぼみの断面

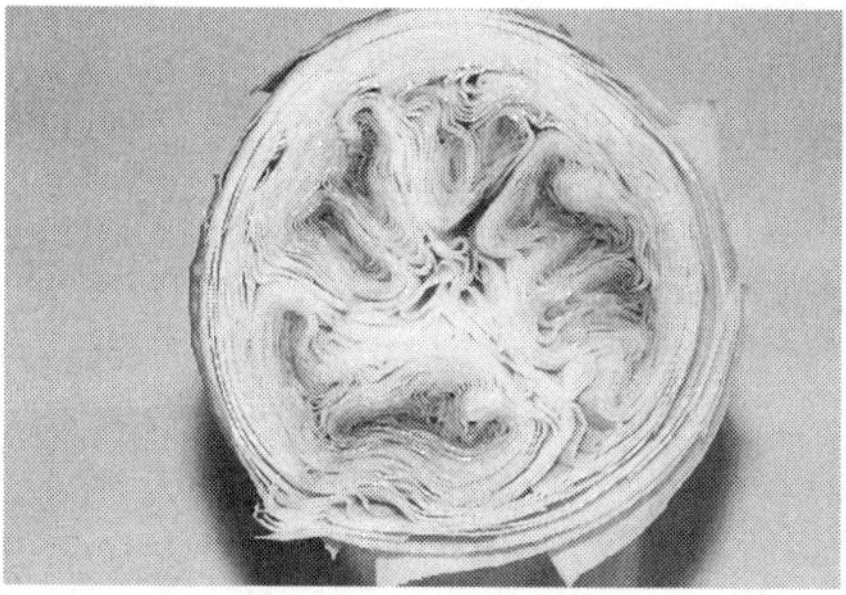

妙蓮のつぼみの輪切り面

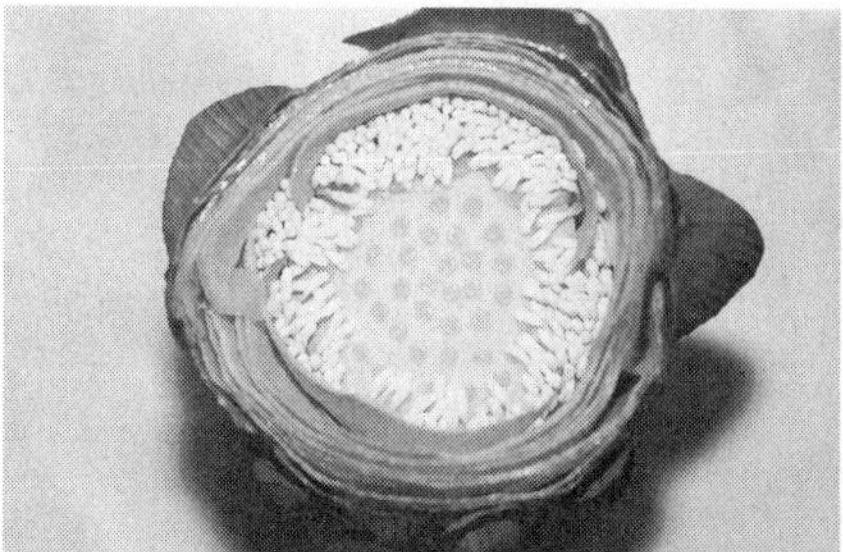

十合のハスのつぼみの輪切り面

妙蓮の花のつくりを調べる

妙蓮の花には、常蓮の花と違っておしべもめしべもありません。常蓮にある蜂の巣形の花托がないので、花だけみればハスとは思えない不思議な花をつけているのです。花弁だけでできた花の外観は、二以上十個前後の小さな花が集まっているように見えます。したがって、妙蓮のことを多頭蓮と呼ぶ人もあります。しかし、妙蓮は、キクの花などのように多数の花が集まり、それがひとつの花に見える頭状花（多頭花）と言われるものと同じつくりではないのです。

昔の人は、妙蓮は一茎二花のものから一茎十二花のものまであると書き残しています。そして、一茎二花は双頭蓮、一茎三花は品字蓮、一茎四花は田字蓮……一茎十二花は十二時蓮などと、そのそれぞれに固有の名前をつけています。しかし、植物学的にはすべて一茎一花であって、昔の人は花弁群をそれぞれ一つの花とみていたのです。

妙蓮の花は、すべて一本の花柄に一個の花をつけているのです。この一個の花の中に多数の花弁群が作られているため、いくつもの花が集まっているように見えるのです。この花のしくみは、一本の花柄についている一個の花を分解してみるとよく理解できます。

外観が一茎三花に見える妙蓮の花を分解して、その花のしくみを調べるとともに、花弁

「1茎4花」と「1茎2花」の妙蓮

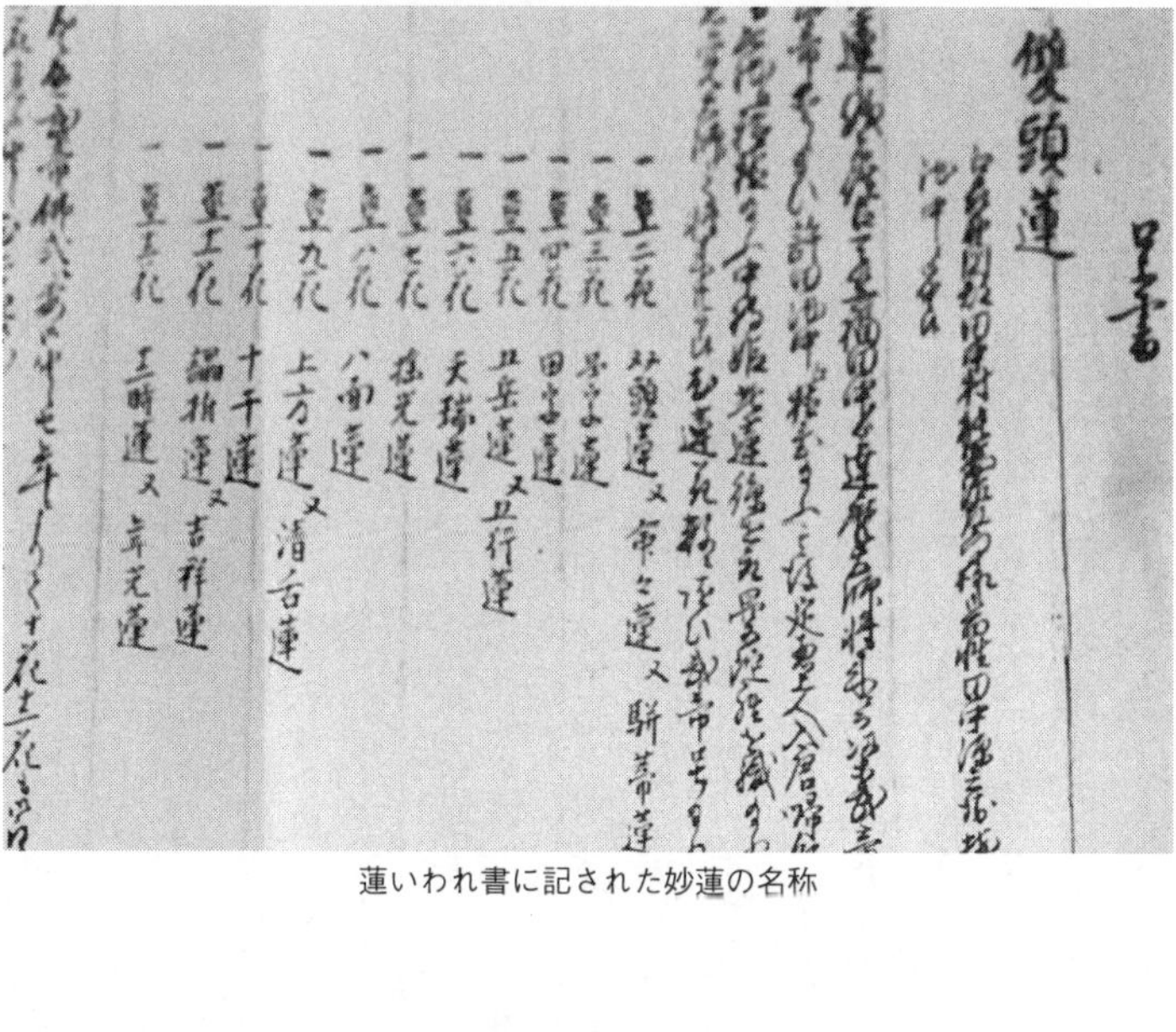

雙頭蓮

一 茎二花　並頭蓮 又 帝女蓮 又 駢蒂蓮
一 茎三花　品字蓮
一 茎四花　田字蓮
一 茎五花　五岳蓮 又 五行蓮
一 茎六花　天瑞蓮
一 茎七花　極光蓮
一 茎八花　八面蓮
一 茎九花　上方蓮 又 酒香蓮
一 茎十花　十千蓮
一 茎十一花　偏指蓮 又 吉祥蓮
一 茎十二花　十二時蓮 又 無光蓮

蓮いわれ書に記された妙蓮の名称

中花弁群のようす

「１茎３花」の妙蓮

の数を数えてみました。まず、花全体を取り囲んでいる大型の花弁（外輪共同花弁）を百八枚取りはずします。そうすると、三群の花弁のかたまりが見分けられるようになりました。この花弁のかたまりを、大花弁群と呼びます。さらに、三つの大花弁群のまわりを取り囲む中型の共同花弁百七十九枚を取り去ると、そこから七つの花弁群がはっきりと現われました。この花弁群を中花弁群と呼び、この花の場合は、七つの中花弁群を持っていることになります。

次に、それぞれの中花弁群の周りにある花弁を取り外します。すると、一㎝余りの花弁に取り巻かれた、小さな花弁の集まった花弁群が現われます。これは、筆の穂先を赤く染めたような形をした小さな花弁の塊で、これを小花弁群と呼んでいます。この小花弁群の花弁には、これから生長する一㎜以下の小さな芽のようなのも見られます。このことは、妙蓮の花は開花後もずっと生長を続けて花弁を増やしていることを示しています。妙蓮の花弁群で最小の単位になっている小花弁群は、この花の場合二十二個認めることができました。そして、一つの小花弁

妙蓮の大小さまざまな大きさの花弁

小花弁群と花弁を取り除いた花托

群には平均二百枚の花弁を数えることができました。

結果として、この花で数えることのできた花弁は、合計五千六百十枚となりました。しかし、この花を採取するまでに散り落ちた共同花弁数を加えなければ全体の数になりません。

散り落ちる共同花弁の数を調べるため、開花前の妙蓮のつぼみにビニール袋をかぶせて、毎日散り落ちる花弁の数を数えました。その結果、平均百二十枚の共同花弁が散り落ちることを確かめました。さらに、花托が二分する下の部分、長さ八cm前後の花托についた亀甲型の跡を数えました。この亀甲型の跡は、散り落ちた共同花弁のついていた跡なのです。六個の跡が花托を一周していることは、六枚の花弁がラセン状に重なっていたことを示しています。そして、その数は、ほぼ百二十個ありました。このようにして、一個の花が落としている共同花弁の数を推定することができたのです。したがって、花弁数五千六百十枚を確認したこの花の場合、散り落ちた花弁数の平均値百二十枚を加えた五千七百三十枚が花弁総数ということになります。

近江妙蓮花弁数調査一覧表（平成４年～13年）

	花の外観	重さ（g）	花弁群の数（大～中～小）	外輪共同花弁数	中・小花弁群花弁数	花弁数合計	落ちた花弁数	確定花弁総合計
1	1茎2茎	150	2～4～10	32	3, 641	3, 789	116	3, 789
2	1－3	100	3～7～12	150	3, 988	4, 263	125	4, 263
3	1－5	120	5～7～23	250	4, 700	4, 950	－	5, 070
4	1－3	70	3～5～10	98	2, 226	2, 324	－	2, 444
5	1－3	80	3～4～11	128	2, 466	2, 594	－	2, 714
6	1－2	60	2～2～10	135	1, 677	1, 812	－	1, 932
7	1－2	70	2～3～17	183	3, 260	3, 443	－	3, 563
8	1－6	350	6～12～24	75	7, 467	7, 542	－	7, 662
9	1－5	100	5～8～22	104	5, 259	5, 363	－	5, 483
10	1－3	145	3～7～22	108	5, 502	5, 610	－	5, 730
11	1－4	130	4～8～18	210	4, 018	4, 228	－	4, 348

上表は、十一個の花で調べた妙蓮の花弁の総数です。最も多かったのは、平成九年七月二十七日に調べた大型の花で、その花弁の数は七千五百四十二枚あり、散り落ちた花弁の数を加えると七千六百六十二枚となりました。そして、これまでに調査した妙蓮の花弁数の平均は四千三百枚となりました。

妙蓮というハスは、二千枚から八千枚、平均して四千三百枚という多数の花弁をもつ花を咲かせているのです。

妙蓮の花の遺伝的なしくみ

妙蓮は突然変異と呼ばれる現象によって、常蓮と異なった花を咲かせるようになったハスです。突然変異という現象は、遺伝子（ＤＮＡ）の変化や染色体の異常などが原因で、親の形質と部分的に異なった形質をもつ固体が出現することです。そして、この異なった形質は、そのまま子孫に遺伝していくのです。

突然変異には、いろいろなタイプがあります。妙蓮を作り出した突然変異は、本来生じる場所とは異なる場所に器官が生じるホメオティク突然変異（ホメオーシス）と呼ばれるものです。たとえば、動物で手が生える場所に足が生えるようなことで、できた器官は生えている場所が異なるだけで形態的には正常な器官なのです。そして、このような突然変異を引き起こす遺伝子をホメオティク遺伝子と呼び、突然変異によって生じた生物体のことを突然変異体と呼んでいます。妙蓮は、おしべやめしべを作る遺伝子が変化したことによって、もともとおしべやめしべができる場所に花弁が生じて、八重咲きの花になった突然変異体なのです。

それでは、花弁だけでおしべもめしべも作らない妙蓮の花は、どのような遺伝子の変化によってできたのでしょうか。その謎をとく鍵が、シロイヌナズナというアブラナ科の小さな草本を材料にした研究にあったのです。シロイヌナズナという植物は、海岸や道端で三月から四月ころ、一〇～三〇㎝くらいの直立した茎に四枚の小さな白花をつける草花です。この小さな草花は、約六週間で次の代をつくるという一代の短いことや、遺伝子（DNA）の量が少ないことなど、遺伝の研究に便利な植物なのです。岡山県生物科学総合研究所遺伝子統御解析研究室長の後藤弘爾博士などは、このシロイヌナズナを実験材料に用いて、花の器官形成のしくみを解明しました。以下、後藤博士が解明した花器官形成のしくみを基にして、妙蓮の花の形成される遺伝的なしくみを説明します。

ハスやシロイヌナズナなどの被子植物の花は、がく片、花弁、おしべ、心皮（めしべ）という四つの器官からできています。そして、この四つの器官の並び方は、外側からがく片、花弁、おしべ、めしべという順番で同心円状の配列になっているのです。このような花の器官の並び方は、ほとんど全ての被子植物で共通になっています。ただ、その四つの器官の大きさ、形、色、数などが異なることで、多種類の花の違いができているのです。

シロイヌナズナの花は、普通四枚の花弁で構成されているのです。これが、八重ザクラのように多数の花弁になっている花など、いろいろに変わった花を作る突然変異体が見つかっています。これら様々な突然変異体を調べた結果、三種類の遺伝子が単独で、あるいは組み合わさって働くことによって、いろいろに変わった花を作ることが説明できました。すなわち、三種類の遺伝子の機能をAクラス（AP1、CAL）、Bクラス（P1、AP3）、Cクラス（AG）とすると、外側から順に、Aクラスの遺伝子が単独に働くとがく片、AクラスとBクラスの遺伝子が組合わさって働くと花弁、BクラスとCクラスの遺伝子が組み合わさって働くとおしべ、Cクラスの遺伝子が単独で働くことによって心皮（めしべ）が作られると考えたのです。さらに、AクラスとCクラスの遺伝子は、相互にその機能を抑制しているため同時に働くことはありません。

以上のような、花の器官形成を説明するしくみは、「ABCモデル」として提唱され、その説明の単純明快さによって広く受け入れられています。そして、十種類以上の被子植物

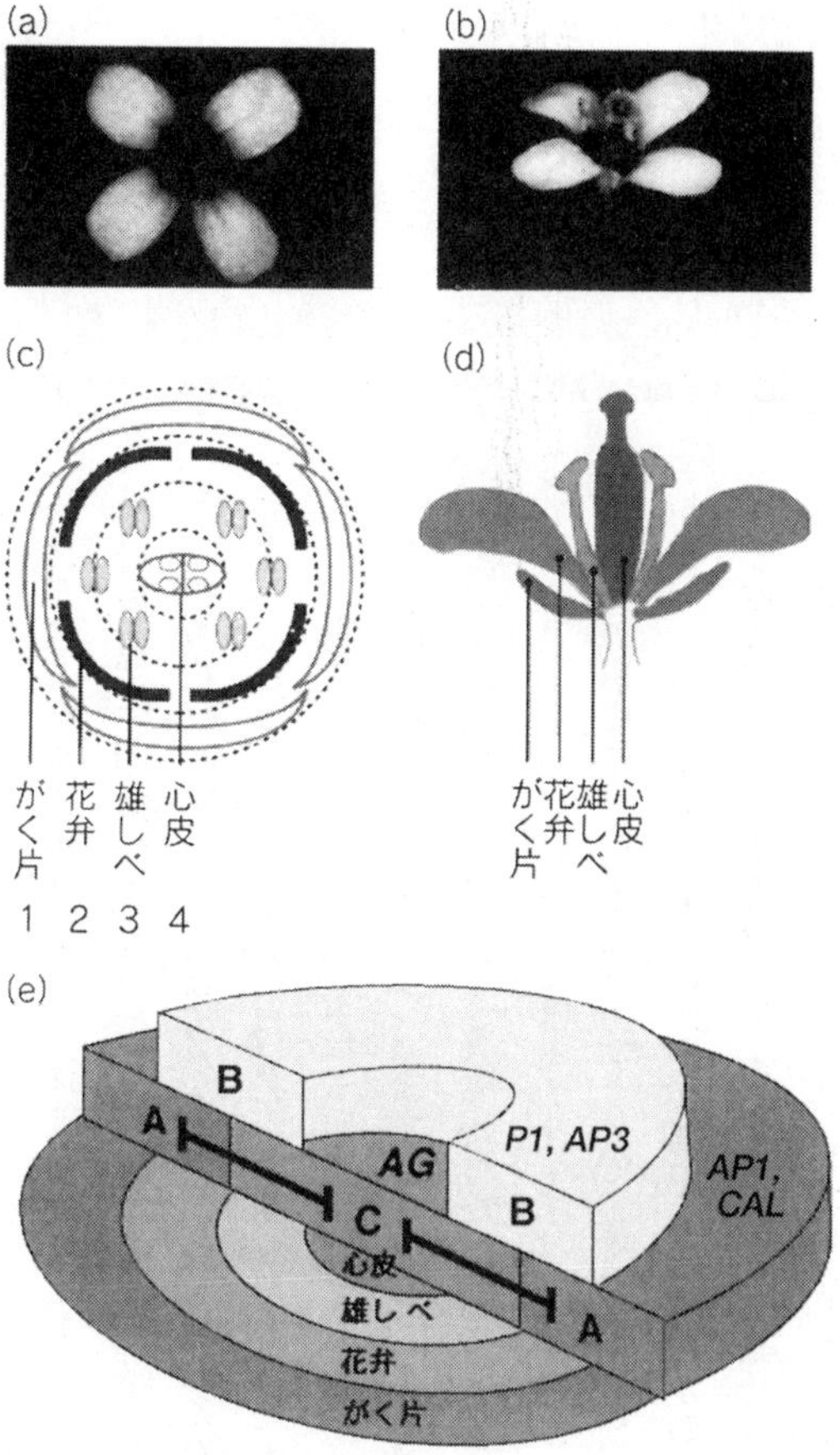

(a)(b)シロイヌナズナの野生型の花、(c)花式図と同心円領域
(d)花器官の模式、(e)ABCモデル、A ⊢⊣ Cは遺伝子抑制作用を示す

花式図とABCモデル（後藤博士の好意により転載）

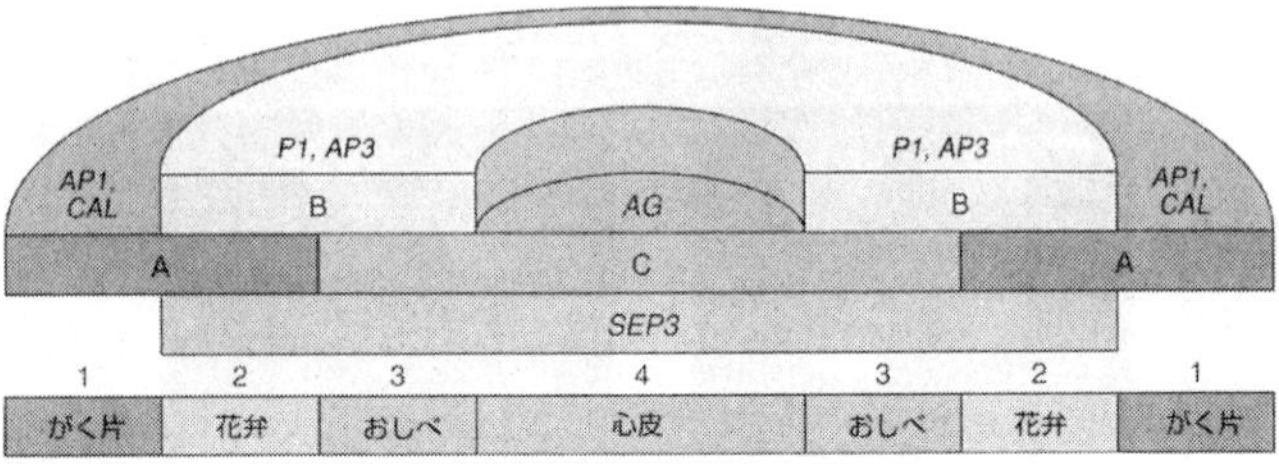

SEP 3 を加えたABCモデル（後藤博士の好意により転載）

で調べられた結果は、ABCモデルを基本として、被子植物のすべてについて花の形態を説明することができることが明らかになりました。

「ABCモデル」の妥当性を証明する実験として、A、B、Cすべての遺伝子が働かなくなった突然変異体の花がつくられました。この花は、すべての花器官が葉のような状態になっていたのです。このことは、花の器官は葉が変化してできたものであることを証明し、A、B、Cの遺伝子が働かなくなると、花の器官は元の葉に換わることを示しています。しかし、A、B、Cの遺伝子を植物体全体で発現させる実験が行なわれましたが、葉を花器官に変化させることはできませんでした。この実験の結果から、花器官の形成に関係する遺伝子として、A、B、Cの遺伝子のほかに、SEP3遺伝子の存在が必要であることがわかりました。その結果、A遺伝子とB遺伝子に、SEP3遺伝子を働かせることによって、葉を花弁のような器官に換えることができました。また、B遺伝子とC遺伝子とSEP3遺伝子で、葉をおしべのような器官に、C遺伝子とSEP3遺伝子で葉を心皮（めしべ）のような器官に換えることができました。すなわち、A、B、C遺伝子の働きに、SEP3遺伝子の働きを加えることによって、葉を花器官に換えることができたのでした。

妙蓮の花が形成されるしくみを、このABCモデルで説明すると、次のようになります。まず、A遺伝子の働きで四枚のがく片が形成されます。次いで、A遺伝子とB遺伝子と、SEP3遺伝子が組み合わさって働くことで花弁が作られます。常蓮では、このあとC遺伝子が機能して、A遺伝子の働きを抑制するとともに、B遺伝子、C遺伝子、SEP3遺伝子でおしべを、C遺伝子とSEP3遺伝子でめしべを作っていくのです。しかしながら、妙蓮では、何らかの原因でC遺伝子が働かなくなっているために、A遺伝子とB遺伝子に、SEP3遺伝子が組み合わさって働く作用が続きます。この結果、妙蓮の花では、がく片に続いて、花弁だけが次々に作られていくことになるのです。

妙蓮の花は、C遺伝子（AG）の働きが異状になった「ag突然変異体」と呼ばれるものです。したがって、この花は、がく片についで、「花弁、花弁、花弁」という単位をくり返して、花弁群を無限につくり続けています。本来の花は、がく片、花弁、おしべ、めしべという単位がつくられて花の形成は完了します。すなわち、花の形成は有限なのです。ところが、妙蓮の花は、本来有限であるべきものが無限になっているのです。この有限、無限を制御するしくみが、シロイヌナズナで調べられて、LFY遺伝子やWUS遺伝子が関与していることがわかりました。LFY遺伝子とWUS遺伝子は、花芽が形成された直後に協同してC遺伝子の発現を導きだしています。そして、C遺伝子が働きだすとWUS遺伝子の働きは次第になくなっていくため、その花は有限になるというのです。もし、このWUS遺伝子が働きつづけると、花は有限でなく無限につくられていくとされています。

この理論を、妙蓮の花の形成にあてはめると、何らかの理由でLFY遺伝子が働かなくなったため、C遺伝子の発現がなくなり、このことがWUS遺伝子の働きを続かせることになって、妙蓮の花が無限に花弁群をつくるようになったのです。そして、花全体の生長が続く限り、何日でも花弁のみの花を作り続けていったのです。このようにして、何千枚もの花弁をもった八重のハスの花ができました。妙蓮の花を分解して調べると、つぎつぎと小さな花弁を作り続けているようすや、その花弁が次第に大きく生長していくようすがみられて、この学説の正しいことが分かります。

妙蓮の花では、小花弁群が、次々と花弁の数を増やして生長することが、中花弁群や大花弁群を大きく生長させることになります。花の中央部から外側へ花弁が増え生長することで、花全体が肥大生長することになります。このことが外輪の共同花弁を外へ押し広げることになり、共同花弁は次第に散り落ちることになるのです。したがって、妙蓮の花弁が散り落ちている間は、その花が開花を続けていると考えてよいのです。しかし、やがて花や植物体全体の機能が老化して、花弁を生成する機能が衰えるとともに花は枯れるのです。

妙蓮の先祖になるハス

妙蓮は、ホメオーシスという突然変異で生じた特殊なハスです。しかし、その先祖になるハスはどのようなものだったのでしょうか。すなわち、どのようなハスに突然変異が起こって、妙蓮を作り出したのかを調べることが興味ある課題でした。

ハスのなかまには、花弁の数が比較的多い品種があります。例えば、西湖蓮、碧台蓮、白万々、紅万々、錦蕊蓮《きんずいれん》、玉繍蓮《ぎょくしゅうれん》などは、百〜三百枚の花弁をもつ八重のハスのなかまです。このように、花弁の多い八重のハスは、花弁が二十枚前後である一重のハスが突然変異を起こして生じたと考えられます。このような花弁が百〜三百枚ある八重のハスのなかまに、さらに突然変異が起きて、花弁が何千枚もある妙蓮ができたのだろうと考えました。

八重のハス紅万々

妙蓮池を管理して妙蓮の世話を続けている田中米三さんの話によると、妙蓮池ではときどき普通のハスの花が咲いたようです。他からハスの種子がまぎれこんで、常蓮の花が咲いたのだろうと考えて、見つけるたびに取りのぞいていました。妙蓮池の中に常蓮の花が咲くことは、妙蓮の絶滅につながる可能性があることを心配したのです。

平成十一年七月三日の朝、妙蓮池に普通のハスの花が咲いたという連絡を受けました。時たま雨が降る天候のなかで、その花を観察して写真に撮りました。この花は、開花二日目の花のようでした。その花弁は、薄い紅色が先端から中ほどまで広がっている爪紅系で、妙蓮の外輪の共同花弁と同じように見えました。花弁数は二十一枚あり、もっとも大型の花弁は、縦の長さ一二・五cm、最大横幅八・四cmで、妙蓮に似た横幅の広い花弁をもっていました。おしべの長さは三・三cmあり、その数は五百十八本ありました。調べた花托の直径は、三・八cmで、そこに並ぶめしべの数は三十個でした。花弁の色や形などから考えられたことは、この花が妙蓮の先祖型になる花に相違ないということです。

妙蓮池に咲いた先祖帰りの花

生物の個体には、先祖帰り（帰先遺伝）と呼ばれる現象がしばしば見られます。人間の場合では、尾椎《びつい》が生じたり、体毛がひじょうに多くなったりする現象が、その例と説明されています。遺伝子の働きが変化することで生じた突然変異体が、その遺伝子の働きを元の状態に帰すことがあります。そうすると、突然変異の起こる前にあった形質が取り戻されることになります。すなわち、突然変異の生じる前の先祖型の形質に帰ったことになるのです。妙蓮の先祖帰りをＡＢＣモデルで説明すると、機能していなかったＣクラスの遺伝子の働きが正常になったのです。その結果、がく片、花弁、おしべ、めしべをそろえた普通のハスと同じ花が咲いたのです。

この花が、先祖帰りによって生じた、妙蓮の先祖型であるということを確定する事実が見つかりました。

平成九年七月十五日、花の半分が妙蓮、半分が常蓮になった奇形の花が妙蓮池で咲きました。これは、生物学的にはモザイクと呼ばれる現象です。モザイクの例は、昆虫などではしばしば出現しています。クワガタムシの場合、体の半分が大型の角をもつ雄で、あと半分が小型の角をもつ雌になっていることがあります。雌雄モザイクと呼び、体の左右半分ずつが雌雄になっているという個体です。ハスの花の例としては、花弁の半分が斑になり、あと半分が紅色になっているという奇形がありました。この花は、蓮文化研究会の三浦功大さんが写真に撮っています。これも、モザイクの一種だろうと考えられます。

妙蓮の花がモザイクになったもの

このモザイク花は、発見された翌日に観察したため、より正確な測定ができませんでした。しかし、大きな花弁の縦長は一〇・七㎝、横幅は四・二㎝あって、横幅の広い花弁でした。それは薄紅色の爪紅系で、妙蓮と全く同じようすの花弁でした。おしべの長さは、三・三㎝で、先祖帰りの花と同じ長さと形でした。半分になっている蜂の巣状の花托は、半径が四・五㎝ありました。その上に並んでいるめしべの数は、十四個のほかに変形した三個がありました。花托全体であれば、三十個前後の数になると考えられます。モザイク花の花托のある半分は、先祖帰りの花と同じものであることは間違いありません。これが、妙蓮の花の半分と一緒になって、一つの花をつくっていることは、妙蓮の先祖が先に見つかった先祖帰りの花と同じものだと断定できます。八重咲きのハスのなかまが突然変異を起こして、妙蓮ができたという推定は誤りでした。薄紅で、爪紅系の大型一重のハスで突然変異が生じた結果、妙蓮という奇妙なハスが生まれたのです。

江戸時代に咲いた妙蓮の奇形花

田中家に残されている五冊の「妙蓮日記」の内に、『蓮之立花覚』があります。この中の安永十年（一七八一）の記事に、奇形の花ができたことが記してあります。それを解読して記載します。

安永十辛丑年　　天明元年御改元有。

五月の節十五日入、二十七日ニ蓮三本立、二十九日壱本立。六十本立。初花六月朔日開、段々花開。壱本三輪成、一方蓮台の形有り、弐方本花也。

禁裏様七月二日奉レ備。

この記事の大意は、「五月二十七日にハスの花芽が三本伸び始め、二十九日にも一本立ちました。総計で六十本のつぼみが出ました。そして、最初の花は六月一日に開花して、その後つぎつぎと開花しています。一本の花は一茎三花になっており、花の半分は蓮台（花托）があり、もう一方は、二つの花弁群をもつ妙蓮の花になっていました。天皇様へは、七月二日に妙蓮の花を献上いたしました」となっています。

一つの花の半分には花托があり、もう一方は、妙蓮の花になっているモザイクの花が咲いたことが記されているのです。そして、このような奇形の花が咲いたことは、百五十九年間にわたって記録されている「妙蓮日記」では、明暦三年（一六五七）の記事にそれらしい花が咲いたような記録があります。それは、三尊如来の姿に見える花が咲いたので、三五日間にわたって大勢の人が参詣したとなっていますが、これもモザイク花と考えることができます。大日池では、きわめて稀に生じることのある不思議なできごとであったのです。

安永十年は、十一月十六日に天明と改元されています。天明の大飢饉というのは、この記事が書かれた翌年の天明二年から七年にかけての大災害です。安永十年の七月には、畿内では大風雨があってたくさんの大木が倒れたという記録もあります。この年、奇形の花が咲いたのは、天明の大飢饉を予知させるようなできごとであったのかも知れません。

この珍しい花が咲いたことは、すぐに信楽の代官所に報告されたようです。その時の返書と考えられる、次のような書状が田中家に残されていました。

今日、其元蓮実のり候由、注進之通申上候ハバ、いかようにのり候やと、御たつねにて候。つねの蓮のことく実のり候や、様子可レ被二申越一候。一段目出度承候間、江戸へも可レ被二仰遣一候由被レ仰候。躰により、与風《ふと》御越候て御らん可レ被レ成との事候間。其実のり候花、あしくいたし不レ申やうに、念を入置可レ被レ申候。廻りに竹を立、よくかこひ置可レ被レ申候。以上

八日　　久清兵衛　花押

田中勘兵衛殿

久清兵衛とは、信楽代官所の役人である久松清兵衛のようです。また、田中勘兵衛とは、田中家の十七代当主である田中勘兵衛綱義のことです。日付の八日は、六月八日のことに

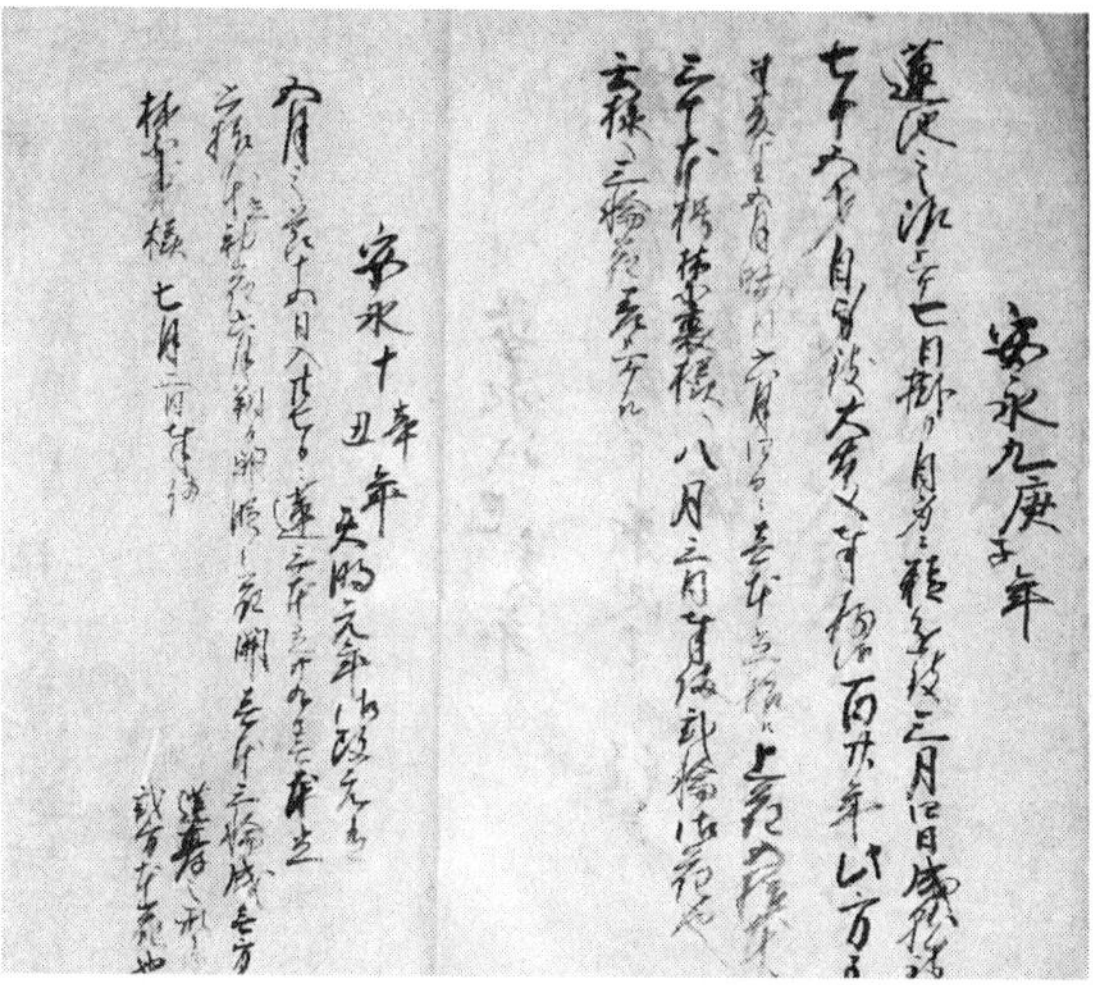

『蓮之立花覚』の安永十年の記事

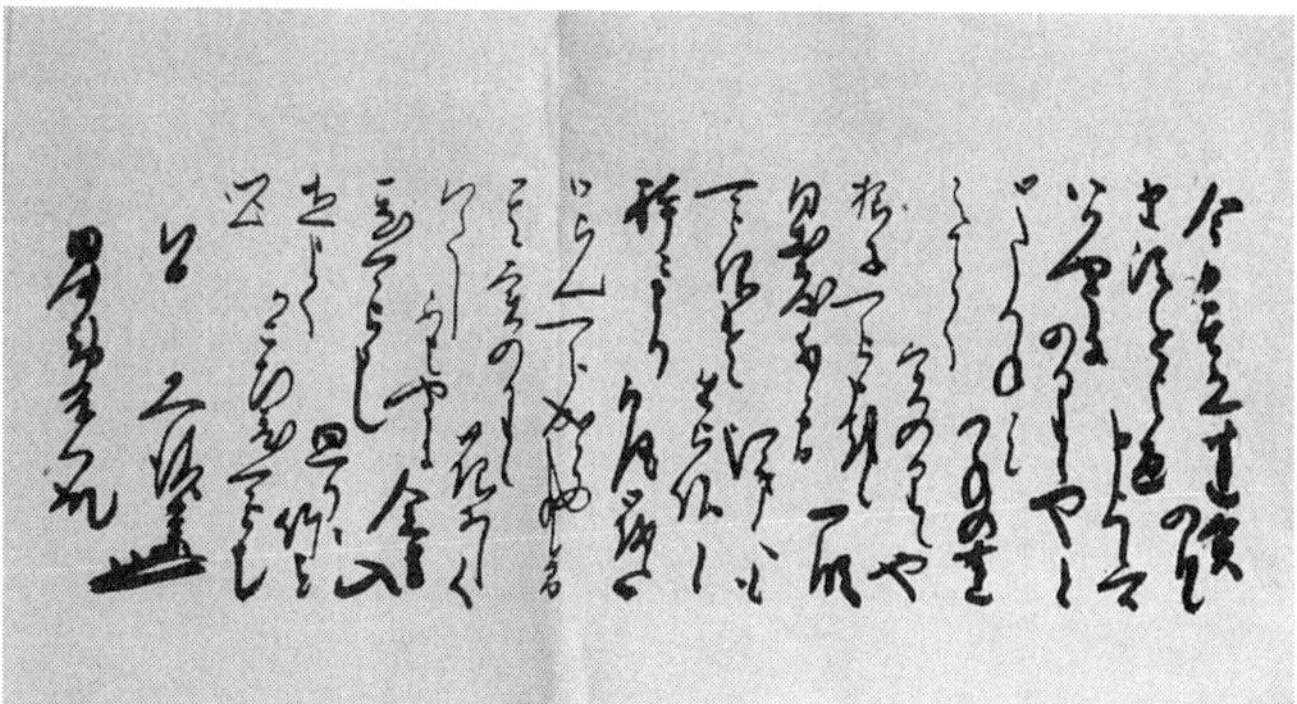

久松清兵衛書状の文面

なります。この奇形の花が咲いたのは、旧暦の六月の六日か七日、現在の七月初めのことだったのでしょう。先祖帰りやモザイクのような奇形の花が咲くのは、その年の妙蓮が咲き始める最初の時期だけに起きる現象になっているようです。

久松清兵衛からの書状には、「今日、そちらで奇形の花が咲いたこと、報告にあった通り代官様に申し上げたところ、その様子をお尋ねになられています。普通の蓮のように花托ができたのか、その様子を申し出てください。非常に目出度いことと承ったので、江戸にも報告するように申されています。こちらから急に思い立って見にゆくと仰せられているので、その奇形の花が悪くならないように、注意しておいてください。廻りに竹を立て、取り囲んでおくようにと申されています」と書かれています。

この奇形の花のことが、その後どのようになったかなどの記録は残されていません。しかし、江戸時代に咲いたモザイクの花は、当時の人々にめでたいこととして興味を呼び、世間で広く話題になったことだろうと思われます。

双頭蓮のはなし

双頭蓮が咲いたはなし

平成十年（一九九八）八月十三日の朝、東京上野の不忍池で、一本の茎に二個の花がついたハス、すなわち双頭蓮といわれる花が咲きました。この花に気づいた東京都北区志茂の中川晃一さんは、このようなハスの花との出会いの珍しさに感動して、その姿を永遠に残すため写真におさめました。その後、このハスのことが詳しく知りたいということで、その写真を送ってこられました。一本の花茎の先端に、浄台蓮と思われる紅色のハスの花が二個背中合わせになって咲いている写真です。

東京上野の不忍池は、江戸時代からハスの名勝地として有名です。今でも、夏になると多くの人々が、ハスの花を愛でるために訪れているところです。これまでにも、不忍池で双頭蓮が咲くことがあったと思いますが、気がつく人はなかったようです。

平成六年の夏、千葉市検見川にある東京大学農学部緑地植物実験所で、小寿星蓮といわれる小型のハスが双頭蓮を咲かせました。このことを実験所の渡辺達三博士から聞き、双頭蓮とその果托の写真の提供を受けました。平成九年七月には、奈良の西大寺駅近くの喜光寺で、原始蓮が双頭蓮を咲かせたことを、喜光寺の本田隆光さんが、『蓮の話』第四号紙上で報告しています。

平成十二年七月、蓮文化研究会の三浦功大さんは、福井県南条町の「花はす公園」で双頭蓮が咲いているのをみつけました。熱心な花蓮研究家であり、写真家でもある三浦さんは、この双頭蓮をすばらしい写真におさめました。

歴史的にみると、『日本書紀』に「舒明天皇の七年乙巳秋七月剣池において一茎二花の蓮が生じた」と記されているのを初めとして、『続日本記』、『台記』、『三代実録』、『百練抄』などに多数の記録があります。さらに、江戸時代の幾つかの文書にも双頭蓮の詳しい記録が書き残されています。一つの花茎に、二つの花を咲かせるハスのことは、ごく稀に見られる不思議な現象として人々の注目をひいていたのです。そして、そのたびごとにこのことの吉凶が占われていたのです。

京都東山にある永観堂禅林寺は、「みかえり如来」という珍しい仏像と、秋の紅葉がすばらしいお寺です。この寺の本堂にある古い厨子の扉には、双頭蓮の絵が描かれています。

守山市小島町の村上猛家にある掛け軸には、双頭蓮の絵が描かれていました。この絵に北斎為一という署名があるので、江戸末期の有名な画家葛飾北斎によって描かれたもので

不忍池の双頭蓮（中川晃一撮影）

南条町花はす公園で咲いた双頭蓮
（三浦功大撮影）

緑地植物実験所で咲いた双頭蓮

はないかと言われています。最初、妙蓮の花を描いた古い掛け軸があるという話を聞いて別の意味での期待があったのですが、これは白花の双頭蓮が鉢植えになっている見事な絵でした。

平成十年十月十三日、東京国立博物館において、「吉祥・中国美術にこめられた意味」と題した特別展を観覧しました。この展覧会の主題は、ハスの花であると言ってもよいほど、ハスが描かれた美術品が目を引きました。中国では、古代から吉祥を意味する花として、ハスの花がその代表になっていたのです。

この会場で目を引いたひとつに、「豆彩束蓮文鉢《とうさいそくれんもんはち》」と名付けられた口径二〇㎝ばかりの色絵の鉢がありました。清時代最盛期の景徳鎮窯で制作された鉢は、精緻をきわめた筆づかいと上絵具の清らかな発色が、すばらしい出来上がりになっていました。

束蓮文というのは、ハスの花を中心に、ハスの蕾、ハスの葉、ハスの実、クワイの葉、花の咲くタデなどをリボンで束ねた図のことです。ハスには良縁を祝し、子孫繁栄を願う意味があります。クワイの食用にされる根茎は、年に十二子を生むといわれ、多子多産を象徴しています。タデも粒状の花が多くつく姿から、多子を連想させています。このような、子孫繁栄を寓意する草花をリボンで束ねて吉祥をあらわす模様にしたのです。

この鉢に描かれている図は、一つの茎に二つの花が咲いている双頭蓮が、ハスの葉や、タデの花などと一緒に束ねて描かれています。古くから中国では、一つの茎に二つのハス

豆彩束蓮文鉢（東京国立博物館蔵）

村上家の双頭蓮の絵

永観堂の双頭蓮の絵

双頭蓮ともいわれている妙蓮の花

の花が咲くことを「並蔕同心《へいたいどうしん》」と呼んで、ハスの花の吉祥と相俟《ま》って夫婦和合を象徴する瑞兆とされていたのです。

妙蓮の花では、一本の花柄に二花がついたように見えるものが多く咲きます。昔から、このように咲いた妙蓮の花を双頭蓮と呼んでいたのです。そして、この双頭蓮という呼び方が、妙蓮を代表する名前のように使われていました。しかし、妙蓮の花は、本当の意味での一茎二花でなく、常蓮の双頭蓮とは根本的にそのしくみが異なるのです。したがって、古文書に使われている双頭蓮や一茎二花のハスについては、妙蓮と常蓮との違いを読み取ることが必要です。『日本書紀』を初めとした古記にある一茎二花の蓮や、双頭蓮という記録は、すべて常蓮に咲いた双頭蓮と考えて間違いありません。

双頭蓮のできるしくみ

双頭蓮のことについて、生物学的な説明がほぼ確立されたのは昭和になってからです。昭和七年（一九三二）三月、東京帝国大学理学部植物学教室の三木茂さんが、『盛岡高農

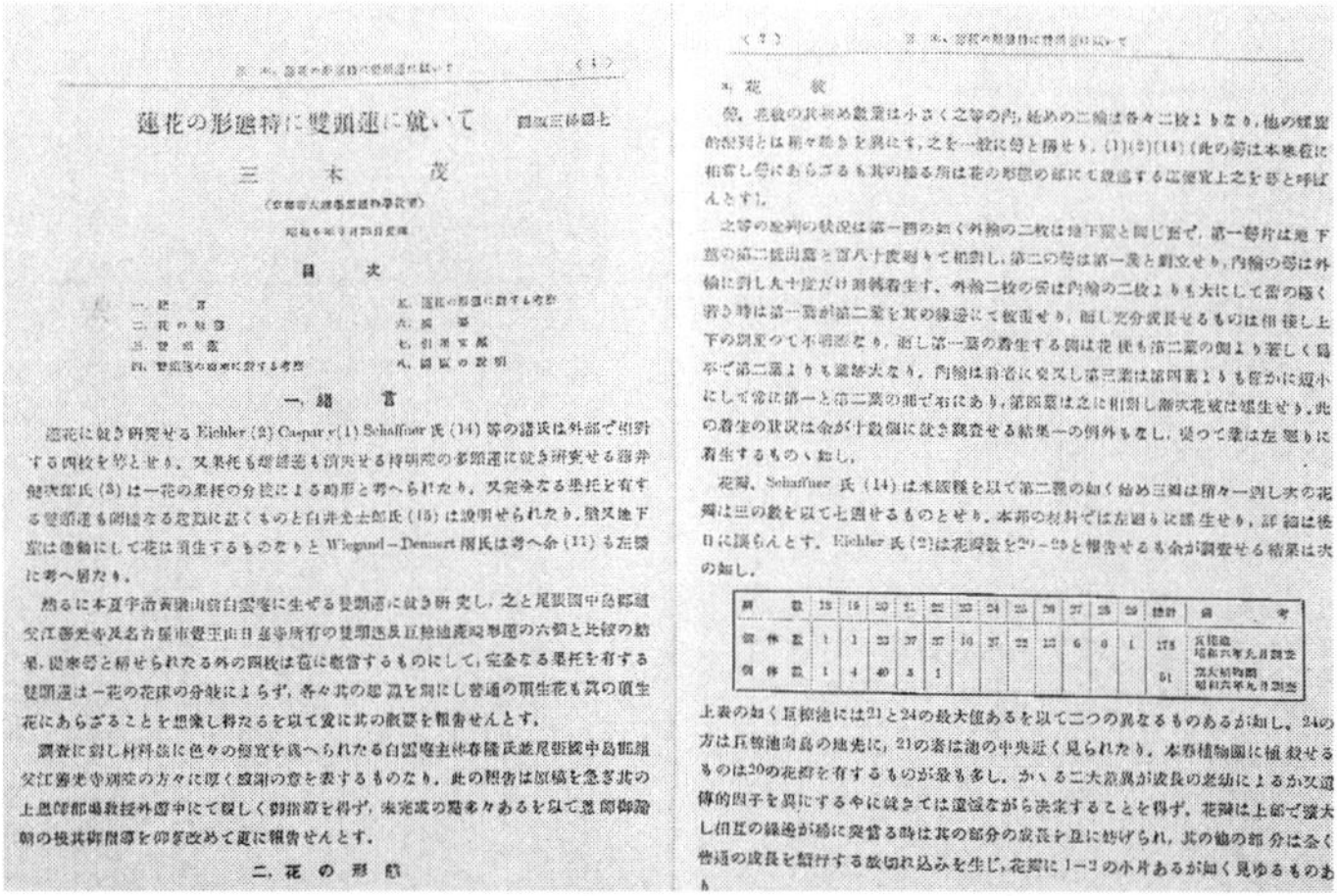

（1）

蓮花の形態特に雙頭蓮に就いて　（圖版三枚挿圖七）

三　木　　茂

（京都帝大理學部植物學教室）

昭和六年十月　日受理

目　次

一、緒　言　　五、蓮花の形態に對する考察
二、花の形態　　六、摘　要
三、雙頭蓮　　七、引用文獻
四、雙頭蓮の成因に對する考察　　八、圖版の説明

一、緒　言

蓮花に就き研究せる Eichler (2) Caspary (1) Schaffner 氏 (14) 等の諸氏は外部で相對する四枚を萼とせり。又果托も雌蕊も消失せる持明院の多頭蓮に就き研究せる藤井健次郎氏 (3) は一花の果托の分岐による畸形と考へられたり。又完全なる果托を有する雙頭蓮も閉鎖なる花瓣に基くものと白井光太郎氏 (15) は説明せられたり。猶又地下莖は總軸にして花は頂生するものなりと Wiegand－Dennert 兩氏は考へ余 (11) も左様に考へ居たり。

然るに本夏宇治黄檗山前白雲庵に生ぜる雙頭蓮に就き研究し，之と尾張國中島郡祖父江善光寺及名古屋市覺王山日進寺所有の雙頭蓮及巨椋池蓮の形態の六個と比較の結果，從來萼と稱せられたる外の四枚は苞に相當するものにして，完全なる果托を有する雙頭蓮は一花の花床の分岐によらず，各々其の起源を別にし普通の頂生花も真の頂生花にあらざることを想像し得たるを以て茲に其の概要を報告せんとす。

調査に對し材料其に色々の便宜を與へられたる白雲庵主仲春隆氏並尾張國中島郡祖父江善光寺別院の方々に厚く感謝の意を表するものなり。此の報告は原稿を急ぎ其の上郡場教授外遊中にて親しく御指導を得ず，未完成の點多々あるを以て郡場御歸朝の後其御指導を仰ぎ改めて更に報告せんとす。

二、花の形態

（2）　蓮花の形態特に雙頭蓮に就いて

a 花　被

萼。花被の其初め數葉は小さく之等の内，始めの二輪は各々二枚よりなり，他の螺旋的配列とは稍々趣きを異にす，之を一般に萼と稱せり。(1)(2)(14)（此の萼は本來苞に相當し萼にあらざるも其の據る所は花の形態の部にて說述するに便宜上之を萼と呼ばんとす）。

之等の配列の狀況は第一圖の如く外輪の二枚は地下莖と同じ面で，第一萼片は地下莖の第二抽出葉と百八十度廻りて相對し，第二の萼は第一葉と對立せり。內輪の萼は外輪に對し九十度だけ廻轉着生す。外輪二枚の萼は內輪の二枚よりも大にして蕾の極く若き時は第一葉が第二葉を其の緣邊にて被覆せり，然し充分成長せるものは相接し上下の關係つて不明瞭なり，然し第一葉の着生する側は花梗も第二葉の側より著しく隆起で第二葉よりも稍々大なり。內輪は前者に交叉し第三葉は第四葉よりも僅かに短小にして常に第一と第二葉の間で右にあり，第四葉は之に相對し漸次花被は螺生せり。此の着生の狀況は余が十數個に就き觀察せる結果一の例外もなし，從つて葉は左廻りに着生するものゝ如し。

花瓣。Schaffner 氏 (14) は米國産を以て第二圖の如く始め三瓣は稍々一週し次の花瓣は三の數を以て七週せるものとせり。本邦の材料では左廻りに螺生せり，詳細は後日に譲らんとす。Eichler 氏 (2) は花瓣數を20－25と報告せるも余が調査せる結果は次の如し。

瓣　數	18	19	20	21	22	23	24	25	26	27	28	29	總計	備　考
個體數	1	1	23	37	37	16	37	23	12	6	0	1	175	巨椋池 昭和六年九月調査
個體數	1	4	40	5	1								51	京大植物園 昭和六年九月調査

上表の如く巨椋池には21と24の最大値あるを以て二つの異なるものあるが如し。24の方は巨椋池向島の地先に，21の者は池の中央近く見られたり。本學植物園に植栽せるものは20の花瓣を有するものが最も多し。かゝる二大差異が成長の差による か又遺傳的因子を異にするや に就きては遺憾ながら決定することを得ず。花瓣は上部で擴大し相互の緣邊が緒に突當る時は其の部分の成長を互に妨げられ，其の他の部分は全く普通の成長を継行する故切れ込みを生じ，花瓣に1－2の小片あるが如く見ゆるものあり

三木論文の一部

同窓会学術彙報』第七巻に、「蓮花の形態特に双頭蓮に就いて」という論文を発表しています。

その論文によると、昭和六年の夏、三木さんは、宇治黄檗山前にある普茶料理屋白雲庵の池に生じた双頭蓮を研究しています。同時に、明治四十二年（一九〇九）と四十三年の夏、愛知県祖父江町の善光寺の池に生じた双頭蓮の果托を調べています。善光寺の果托は、たまたま咲いた双頭蓮が珍しいので、寺の宝として保存していたものです。なお、この寺の池では、昭和二年と昭和五年にも双頭蓮が咲いています。それぞれ、そのつぼみとその果托が保存されていたものを比較して研究しています。また、名古屋市にある覚王山日進寺が所有している双頭蓮の果托についても調べています。この果托は、明治三十八年の夏、東京駐在シャム（現タイ国）公使館の池に生じた双頭蓮の果托を、寺宝として保存していたものです。さらに、

京都巨椋池《おぐらいけ》産のハスの奇形果托六個をあわせて比較研究しています。これは、変形した奇形の果托と双頭蓮について関連があるかを調べる研究です。

様々な双頭蓮の果托や、常蓮の果托などを比較検討した結果、三木茂さんは、「双頭蓮の由来に対する考察」と題して双頭蓮の成因をまとめています。

それによると、一本の花柄の先端につく双頭蓮は、四枚のがく片を共通にしている他は全く独立していて、花弁などの花器官は正常で結実する能力があり、一つの花托が分岐して生じたものでないと説明しています。それまでに発表された双頭蓮の成因には、一本の花柄が二つに分岐して、その先端にそれぞれ花を咲かせたとして、その図を描いている人もありました。しかし、このような花柄の分岐による双頭蓮は、ハスの形態として生じることはないと断定しています。

環境の影響については、白雲庵の池で、八月二十七日ごろにめしべが葉化したハスとともに双頭蓮ができたのは、七月の長雨のとき、残飯をたくさん与え、八月になって晴天が続いたことに関係するように思われるとしています。双頭蓮の形成には、そのハスの種類は関係なく、発生しやすい外因、すなわち温度や栄養が大きな影響を与えているように思われると推定しています。

昭和六年九月十六日、白雲庵の双頭蓮を生じたハスの地下茎のようすを調べています。そして、双頭蓮のできることを簡潔に示す図を描いています。この図は、地下茎の節から

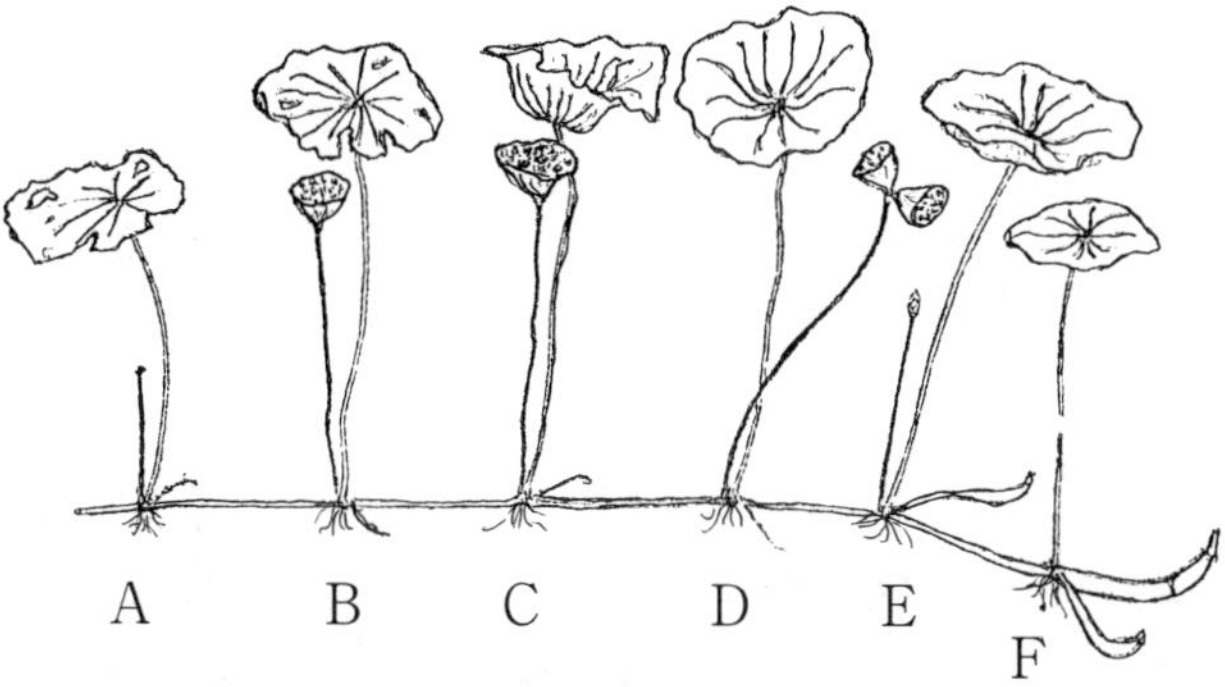

A. 節の花茎は枯死脱落したため不明。
B. 節は正常果托をつけ、子房が27あり、種子は脱落している。節から出る側枝は枯死。
C. 節は正常果托で26の子房があり、生熟種子は10個ある。
D. 節は双頭蓮をつけた。８月23日採取したため想像図である。
E. 節の花はつぼみの状態で枯死。この花を解剖したが、正常の花であった。側枝は蓮根になっていた。
F. 節は止め葉が出て花芽はない。その先の茎は蓮根になっている。

宇治白雲庵の双頭蓮が生じた蓮根のようす（1931.9.16）（三木茂原図）

葉と花が対になって生じること、そしてある節に双頭蓮ができているようすが良くわかります。双頭蓮の成因などを知るうえで、貴重な図ということができます。

三木論文を元にして、双頭蓮のできることを遺伝学的なことも含めて説明すると、次のようになります。ハスは、一本の花柄の先端にあるがく片の三枚目のわきに、一個の花芽をつけ、それが生長して一個の花を咲かせるという遺伝子を持っています。このような遺伝子が、何らかの環境要因の影響を受けたとき、三枚目のがく片のわきに、一個の花を咲かせるという表現の仕方に変化が生じて、四枚目のがく片のわきにもさらに一個の花をつけるようになります。そして、一本の花柄の先端に二個の花を咲かせて双頭蓮ができるのです。この二つの花のがく片は、共通の四枚になっています。この二個の花は、下につくものが上の花よりやや大型で、それぞれ独立した花の器官を備えていて正常に種子を作ることができます。

双頭蓮という珍しい花が咲くようなことを、生物学的に一時変異と呼ぶことがあります。このような変異は、遺伝子の働きが変化したことで起こるものでなく、遺伝子の作用が表現されていく過程で、外部環境の力が強く働いたことが原因で、正常とは異なった形質が生じたのです。この場合、遺伝子そのものに変化が生じていないので、このような変わりものは遺伝しないのです。双頭蓮が咲いた地下茎がつくる蓮根や、その果托にできた種子から生じるハスが、翌年も続けて双頭蓮をつくることはありません。先に述べた、妙蓮の先祖返りの花や、妙蓮と常蓮が半々になったモザイクの花なども、外部環境の力が強く働いたことで生じたものと考えられます。したがって、このような現象も遺伝することはありません。

ハスの花の設計図

ハスの品種には、花に一重や八重、あるいは大型や小型などの違いがあります。このような品種の違いは、それぞれが持つ遺伝子の違いによってよって生じるものです。しかし、どの品種のハスでも、花芽が分化し生長すると、やがてがく片で包まれたつぼみができます。初期のつぼみの段階では、その外形に品種の違いはほとんどみられません。つぼみがさらに大きく生長する過程で、花弁、おしべ、めしべなどの器官を分化させ、やがてそれぞれの品種の特徴をそなえた固有の花を咲かせるのです。

このような経過を、設計図に基づいて一軒の家が建築される場合に例えてみます。まず、設計図にしたがって家全体の配置を考えた基礎工事が行なわれます。そうして出来た基礎の上に、柱を立て、屋根を作り、各階の床をはり、間仕切りをして壁を作るという具合に、大まかな部分から次第に細かな部分へと作業が進んで、やがて設計図にしたがった家屋が建てられるのです。この場合の、設計図に相当するものが遺伝子の働きになります。そして、設計図（遺伝子）に基づいて、材料を選んで段取りよく家を建てる工事現場の過程が、生物学的に生長や分化といわれる現象です。設計図には、最初に全体の配置を決める第一次の設計図、その上におおまかな部分を作る第二次の設計図、さらにその細部を決める第三次の設計図というように、次第に高次の設計図が作られて、やがて家屋の全体が完成されるようになっています。

すべてのハスは、基礎工事に相当する段階の第一次の設計図（遺伝子）は同じようになっています。しかし、同じように作られた基礎の上に建てられる家屋の設計図は、それぞれの品種に固有な特徴をもっているのです。そして、このような固有の設計図は、次の代に引き継がれていくのです。

何らかの原因で、その一部が間違ったコピーになった設計図ができることがあります。それが現場に届けられると、和風の設計であった家が洋風になります。このように、設計図の一部が換わったことが原因で生じるのが、妙蓮のような突然変異体ということになります。これに対し、設計図は換わっていないのに、建築現場での特殊事情によって設計図と異なる家を建てた場合が、一時変異といわれる現象です。

設計図では、一軒の家を建てるようになっていた土台の上に、建築現場の特殊事情で家を二軒建てたような場合が、双頭蓮のできることに例えられます。あるいは、同じ土台の上に、建築現場の事情で和風の家と洋風の家を半々で接続して建てたような場合が、妙蓮と常蓮のモザイク花ということになります。いずれも、その設計図（遺伝子）には異状はなく、建築現場（分化・生長の過程）で起こった異状が原因なのです。

ハスの場合、設計図（遺伝子）にしたがって花が形成されるとき、まず花全体の配置を決める第一次の設計図が作成されます。そして、第二次設計図は、全体をほぼ半分にした二枚ものになっており、左右逆に鏡に映したように対称的な領域を作っていくようです。そして、その左右半々の領域で、それぞれの細部の器官を決定していくように思われます。

妙蓮の場合、生長する花托が必ずおおまかに二分されます。この段階で妙蓮の花は、左右半々の領域に分けられているように思われます。そのあと、二分された花托の先端部が分岐しながらそれぞれ大小の花弁群をつけていきます。また、妙蓮と常蓮が半々になったモザイク花ができることは、全体が左右に二分され、それぞれの領域で異なった花器官を形成したことになります。双頭蓮ができる場合については、がく片が分化したあと全体をおおまかに二分して、それぞれに正常な花が形成されたのです。この場合、二個の正常な花は、完全に分離しているのです。

第三話

近江妙蓮に
はぐくまれた物語

妙蓮を保護してきた田中家の系譜

田中家の始まり

妙蓮は、近江国野洲郡中村の大日池で、ほぼ六百年前からその奇妙な花を咲かせてきました。この妙蓮を長年にわたって育ててきたのは、現在の守山市川田町田中の田中米三家の先祖です。田中家には、幅三四cmで、長さ二一mの巻物になった家系図が伝えられています。また、田中家の由来を記した古文書も数多く残されています。これらの記録をもとにして、田中家の家系と妙蓮との関係をたどってみます。

田中家の系図によると、田中家の遠祖は、承久の乱（一二二一）のとき京都に攻め上り、瀬田川の先陣などの功によって近江国守護となった佐々木信綱になっています。信綱の次男、佐々木高信が高島郡田中庄を与えられ、朽木氏などの祖になるのですが、この高信の孫にあたる氏綱が、田中四郎左衛門尉と名乗り、田中家の始祖となったことが記されています。氏綱は、鎌倉時代中期の文永六年（一二六九）正月二十三日生まれ、元亨三年（一

大日堂証文入箱と表書きのある古文書箱

田中氏系図

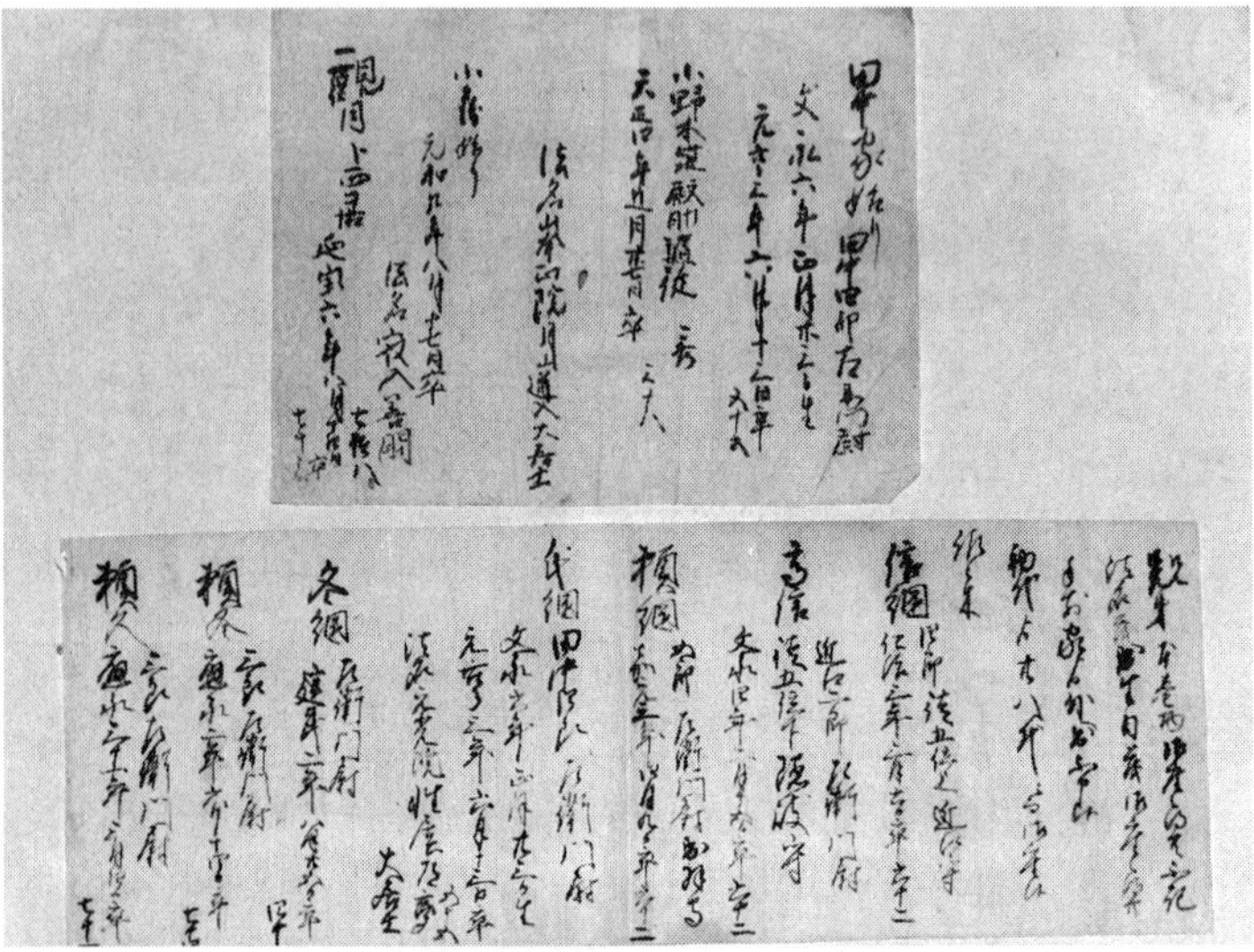

「田中家始り」と記された文書

三二三）六月十三日五十五歳で死去しています。氏綱の孫である頼冬の時代に、高島郡井口村から野洲郡田中村に移り住んでいます。

田中家の系図では、頼冬の項に、「永和二年天柱院之命ニ依リ江東ニ移住」と書かれています。天柱院とは、応永二十三年（一四一六）十月七日逝去し、天柱院殿視翁崇喜大居士と号された佐々木六角満高のことです。田中家は、近江国守護で観音城にいた佐々木満高の命によって、永和二年（一三七六）から野洲郡田中村に住むようになったのです。そして、六角家の被官として重要な職掌を与えられ、約二百年にわたって仕えています。

田中家には、「田中氏由来」という茶色に変色した渋紙のような古文書が残されています。この古文書は、最初の二〜三行が判読できるほかは、その年代や詳しい内容は不明です。ところが、後の人がこの古文書を書き写したと思われる書き付けがありました。ただし、この文書の内容や字句には意味の通じないところがあり、文の最後が尻切れになっていることなどで正確な読み取りはできませんでした。しかし、判読できた内容の一部は、おおよそ次のようなことです。

先祖田中宗見は川田、北村、中村、田中四カ村合わせて一、四四〇石余りを領所として田中村に居住した。ここには三国伝来の田中蓮（妙蓮）があり、氏神八幡神社や守り本尊である大日如来堂を建立している。

田中宗見とは、田中村に最初に移り住んだ頼冬のことと考えられます。このことから、六百年余り前に始まる田中家や、妙蓮のようすが推定できます。頼冬のことは、田中家の系図に、佐々木源氏の祖・敦実親王より数えて十五代目の当主になることが算用数字で書かれています。このことは、現代になって書き加えられた世代と考えられます。当主の世代については、田中村に移り住んだ初代の当主である頼冬を第一代当主とするのもあります。しかし、本書では田中四郎左衛門尉氏綱を初代として、以下これに続くことにします。

『江源日記《こうげんにっき》』と田中家

田中家には、『江源日記』という応長元年（一三一一）から天文二十三年（一五五四）までの二百四十四年間にわたる六角佐々木家の歴史を記録した日記があります。この『江源日記』は、江戸時代に田中家の先祖が筆写したと思われるもので、その原本が誰の所有で、どのようなものであったかは不明です。この日記には、六角家の被官であった田中家のことが所々に書いてあるので、田中家の歴史を知るための参考として、その幾つかを記します。

『江源日記』

応安七年（一三七四）、足利義満の九州征伐に六角満高が従軍し、満高の従臣田中頼冬も加わっています。三月京を出、四月太宰府に至り、九月和平なり、十月帰洛したと記されています。

応永六年（一三九九）足利義満が堺城の大内義弘を攻め滅ぼした応永の乱の時、六角満高に従って田中頼冬も参陣しています。

応永十三年（一四〇六）七月、田中家四代頼久が、妙蓮の花を六角満高を通じて足利義満に献上しています。

応永三十三年（一四二六）、田中家五代の頼実が、六角満政を通じて足利義持に妙蓮の花を献上し、義持はこれを珍花であるとして天皇に献上しています。

文安三年（一四四六）、観音城の六角政頼（久頼）が愛知郡飯高山にこもる兄の六角時綱を攻め殺した六角家内紛騒動のとき、田中家六代頼泰の弟である勘五郎頼兼と、喜兵次頼道が六角時綱に従って殉死しています。このことを田中家の系図には、文明三年（一四七一）正月二十三日と記されていますが、元号が書き間違えられたのではないかと思います。

寛正三年（一四六二）、田中頼泰が、六角政頼（久頼）随従の臣として岳山金胎寺城の畠山義就を攻める戦いに加わっています。

永正八年（一五一一）、田中家九代世古之進頼旨は、六角氏綱の評定衆に加えられ、将軍義晴を守る戦いに従軍しています。

永正十二年（一五一五）十月七日、天柱院殿の百回忌の法会が行なわれたとき、田中頼旨は、その奉行を命じられています。

永正十六年（一五一九）正月五日、田中頼旨は、六角定頼の名代として上洛、将軍家に新年の年始御祝礼を勤めています。また、四月一日に六角定頼が、諸将職掌を定めたとき、近習臣の一人になっています。

大永五年（一五二五）、六角定頼と京極高峯が、協力して浅井亮政と戦ったとき、定頼の旗本衆として田中頼旨が加わっています。

享禄四年（一五三一）、細川晴元と細川高国が、四天王寺で戦ったとき、六角定頼の旗本として田中頼旨が従軍しています。

天文十年（一五四一）一月、六角定頼が諸役を改めたとき、田中頼旨は、近習三十八人の一人として加えられています。


六角定頼のもとで活躍した田中頼旨は、天文十二年（一五四三）十一月二十八日五十九歳で亡くなっています。この後、天文二十三年（一五五四）の項に、田中新兵衛が松村多門と争い事を起こして多門を即死させたので、進藤山城守により禁固させられたことが書かれています。そのあと、田中氏の武勇を惜しんだ六角義賢の命によって、田中新兵衛の禁固は許されたことが記してあります。田中新兵衛が、田中頼旨の子の田中家十代新太郎吉綱であるとすれば、田中氏はこのとき以来、六角家に致仕して帰農したのではないかと推定されます。永禄十一年（一五六八）織田信長によって観音城が落城するころまで続いていたと考えられる『江源日記』の記事が、田中家に残された筆写本では、この年を最後にして終了していることから、田中家の帰農と関連するものがあるように思われます。

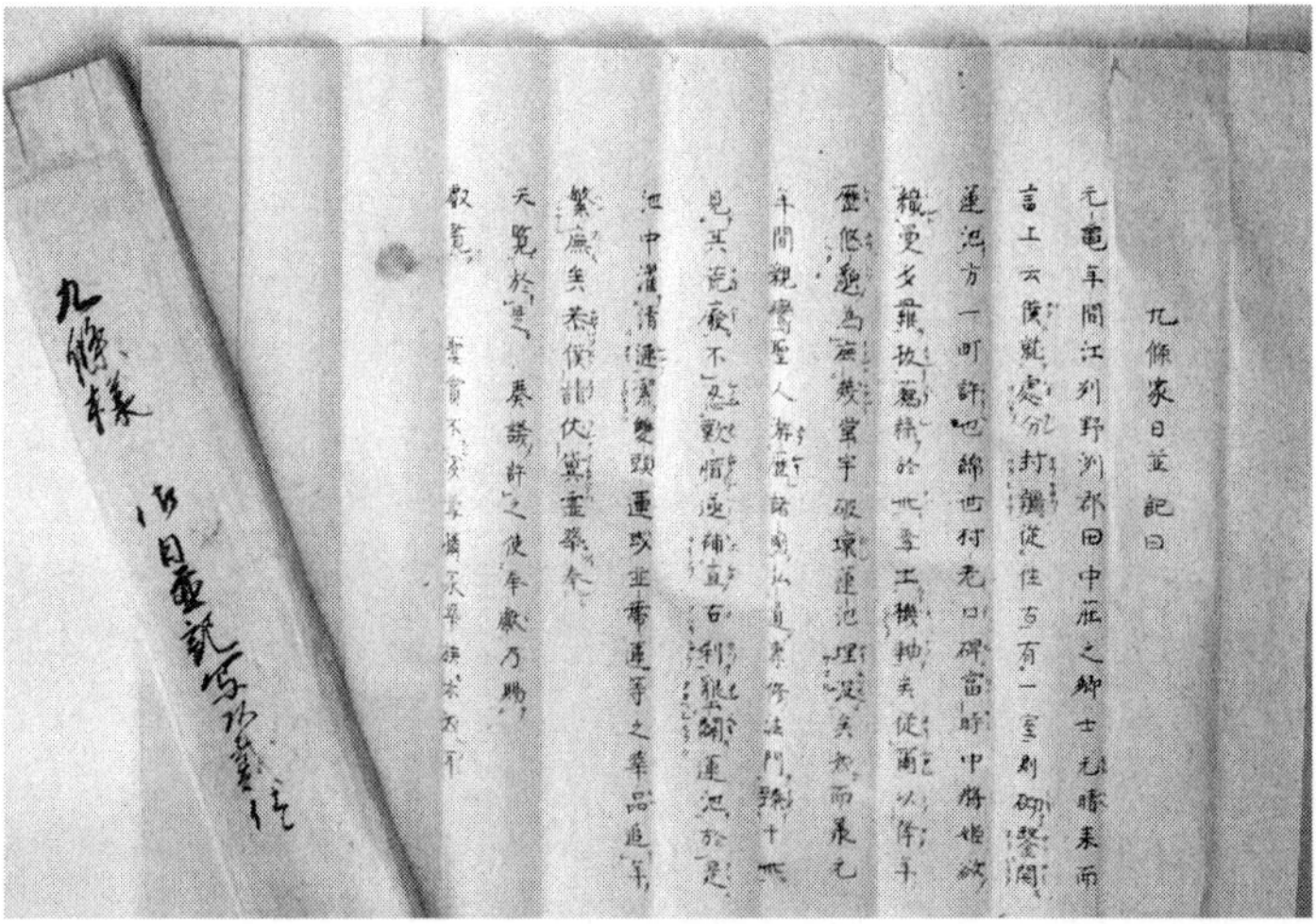

九条家日並記

このあと江戸時代の初期までのほぼ九十年間、田中家の動向を示す文書は残されていません。しかし、『贈新蓮《ぞうしんれん》華《げ》券契《けんけい》』という、田中家十九代近良が西願寺に送った弘化四年（一八四七）十二月三日付けの文書には、「永禄十二年（一五六九）十一月、田中家十一代綱忠の次男秀忠が、比叡山覚源僧都に入門するとき、田中蓮三華、縁起一軸、系譜一軸を父綱忠から授与されている」ことが記されています。綱忠の次男秀忠は、田中家の系図では忠秀となっている人物のようです。戦国時代の末期でも、田中蓮（妙蓮）は田中家によって大切に保護され、家紋の名誉を飾るものになっていたことがわかります。なお、元亀年間（一五七〇～七二）に野洲郡田中村に妙蓮があったことは、田中家に残る『九条家日並記』の写しに記録されています。

江戸時代の田中家

江戸時代に入ると、田中家は十三代綱仲、十四代綱衡と続きます。そして、明暦三年（一六五七）になると、綱衡によって「妙蓮日記」が書きはじめられます。この日記は、そのあと一五九年間にわたり、代々の当主によって書き継がれています。五冊にまとめられた「妙蓮日記」は、妙蓮の開花数を始めとして、田畑の作柄、天候のことなど、江戸時代における守山の農村のようすが記録された貴重な史料となっています。

江戸時代の田中家のことを知る文書としては、『書置譲り状の事』という、元禄十四年（一七〇一）四月十四日の文書があります。これは、田中家十五代綱重が、十六代綱光に与えた家財産などの譲り証文です。綱重は、中村の庄屋平兵衛の末弟として生まれ、やがて綱衡の養子となって田中家を継いでいます。また、十六代綱光は、十一代綱忠の末弟道綱の曾孫ですが、本家の養子になって田中家を継いでいます。このように、養子の代が続いたことで、家督相続の譲り証文がより重要な意味を持ったのだろうと考えられます。

この『書置譲り状の事』の冒頭には、「我が家の支配する中村領内に、田中氏の守護神仏である氏神八幡宮と大日堂がある。この境内にある千重の蓮花（妙蓮）の池は、往古より相続している名高い土地で、昔からずっと天下様からの御赦免地になっている。……」

田中家屋敷の古い表門

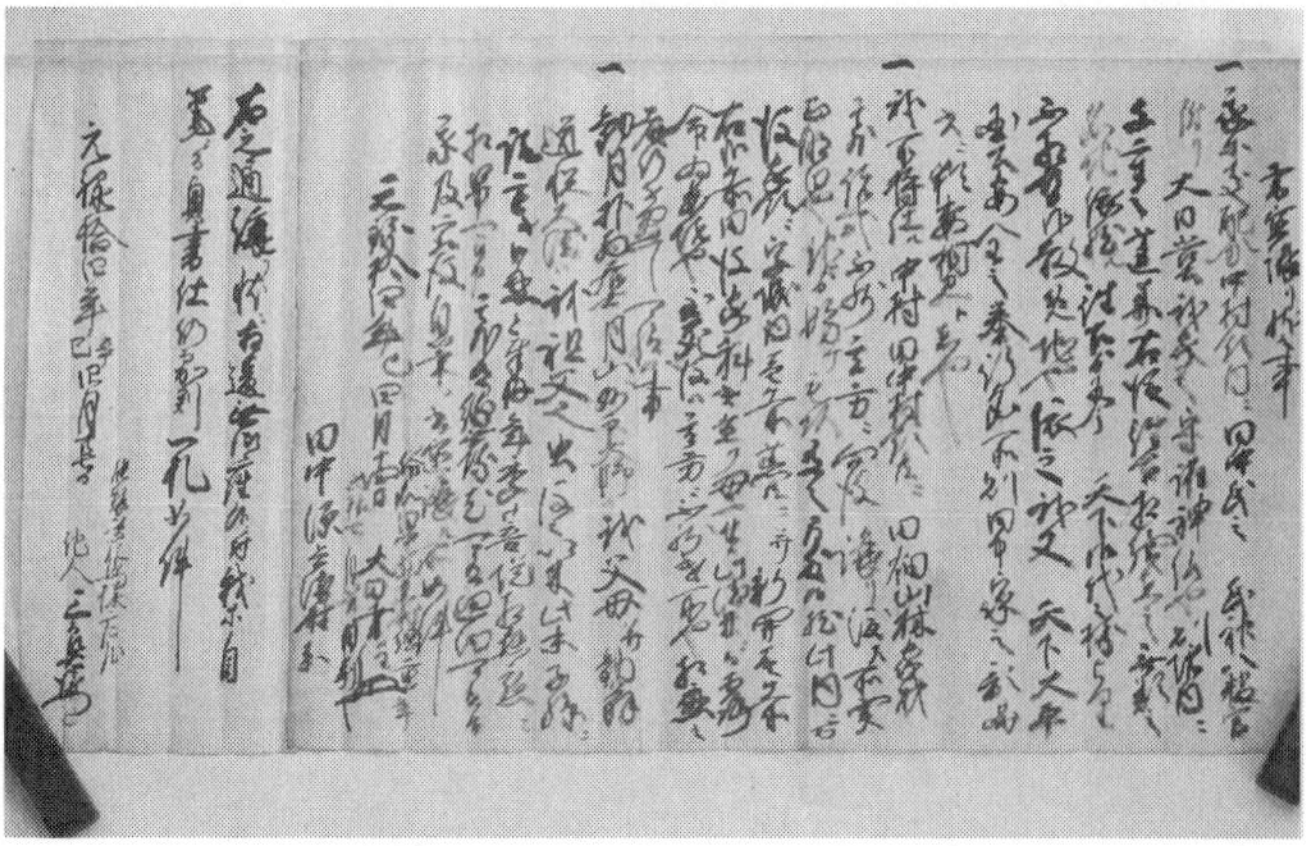

書置譲り状の事（元禄14年４月14日）

とあります。田畑山林家財その他諸式などの譲り渡しとともに、田中家にとって大切な相続は、妙蓮とその池の保護のことであったのです。

宝暦八年（一七五八）正月、綱光が、十七代綱義に与えた『譲り証文の事』という文書があります。その全文を解読すると、次のようになります。

一、殿様御高田畑屋敷、不レ残其の方へ譲り相渡し申所実正也。
一、城之内田地壱ケ処、きよに譲り置き申候。此徳米にて一生相応に相暮可レ申候。死後は源兵衛方へ相戻し可レ申候。
一、分部様御高田畑屋敷不レ残其方へ譲り申候。
一、持庵大日堂我家の守護仏、随分大切仕可レ申儀第一也。
一、同八幡宮御社我家の氏神也。随分大切仕相勤可レ申儀肝要也。右の境内に万葉蓮（妙蓮）の池有レ之、日本無類名花也。随分大切仕可レ被レ申候。
一、田中家の系図一巻。
右の通り譲り相渡し申す所実正なり。

田中浄蓮綱光（印）（花押）

宝暦八戊寅正月日

総領源兵衛殿

日本無類の名花である万葉蓮（妙蓮）を、大切にすることが書かれています。

この他、安永八年（一七七九）に、十七代綱義から十八代の義俊に与えた『譲り証文の事』が残されています。先祖代々伝えられた妙蓮は、古今無類の名花であるから大切に護り伝えるようにという文言は、代々同じように書き続けられています。そして、田中家代々の当主は、この大切な妙蓮をいついつまでも残し伝えるように管理していたのです。

十九代近良が引き継いで記録していた「妙蓮日記」は、なぜか文化十二年（一八一五）で終っています。近良が死去したのは、明治維新直前の世情騒然とした文久元年（一八六一）のことです。二十代良綱は、ペリー艦隊が浦賀にやってくる前年の嘉永五年（一八五二）四十五才の若さで、父に先立って死去しています。世相は厳しくなり、田中家にとっても、妙蓮の保護管理がたいへんな時代であったのかも知れません。そして、室町時代から大切に育ててきた妙蓮は、明治二十八年（一八九五）を最後にして大日池で咲かなくなってしまったのです。

三国伝来の妙蓮

蓮いわれ書き

田中家には、『三国伝来双頭蓮』、『三国伝来十二時蓮』、『田蓮記』、『口上書』などの題名がついた文書が多数残されています。これらの文書類は、皇室や将軍家をはじめとする各所に対して、妙蓮の花を献上するときに添えられていた「蓮いわれ書き」であり、妙蓮の由緒を書き残しているものです。

明和元年（一七六四）十二月十四日付けで、栗太郡駒井沢村の役人駒井丹下が、信楽代官所に提出している『口上書』の写しがあります。

冒頭に、「双頭蓮、江州野洲郡田中村能勢治左衛門様御百姓田中源兵衛持庵大日堂池中に御座候」と書き出しています。続いて、双頭蓮（妙蓮）のいわれ書きの全文が書き写されています。そして、文末には、「右の通田中村田中源兵衛方へ罷越、吟味仕候処相違無二御座一候。以上」として、駒井丹下の署名印があり、宛名は「信楽御役所」になってい

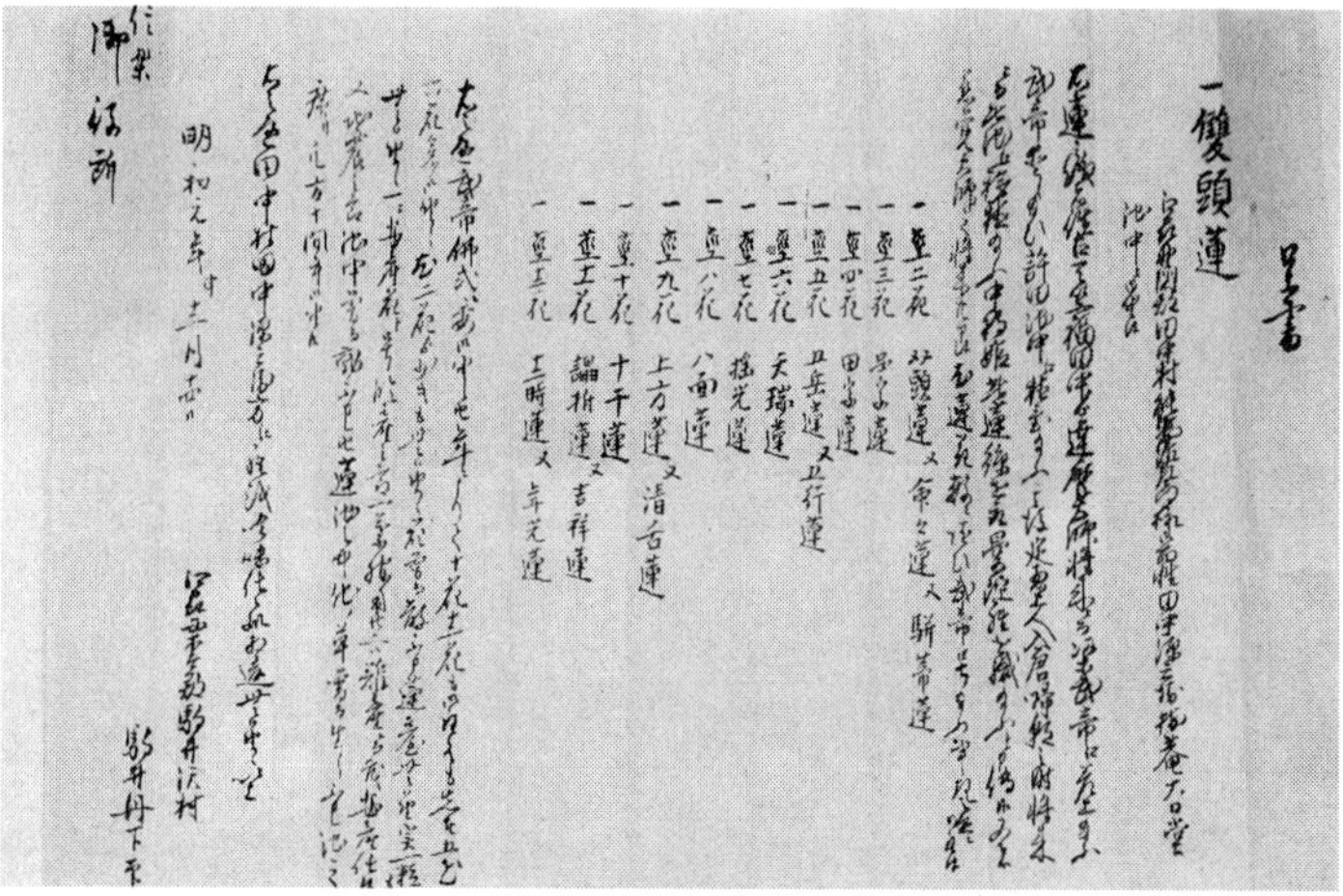

双頭蓮口上書

ます。

信楽代官所から、大日堂の妙蓮の由来などについて調査することが命じられ、その報告された書面の写しが、このような文書になって残っているものと思われます。信楽代官所からその由来を尋ねられるほど、妙蓮は世上に名高い存在になっていたのです。

明和三年（一七六六）、田中家の十五代当主である綱義が書いた「三国伝来双頭蓮」と題する文書があります。これは、禁裏様（天皇）へ妙蓮を献上する際に、添え書きにする例文のようになっていたものです。その概要は、次の通りです。

この蓮は、往古天竺の福田中より達磨大師が持参して、梁武帝に差し上げた。武帝はこれを許田中に植えられた。池の名はいずれも田池である。その後、定恵上人が、唐から帰朝の時、持ち帰られてこの池に植えられた。中将姫が、この蓮糸を取り、曼陀羅を織られたと申し伝えられている。または、慈覚大師の将来であるとも申し伝えられている。武帝が命名されたのは、左の通りになっている。

一茎二花　双頭蓮又命々蓮又駢蔕蓮《へいたいれん》

一茎三花　品字蓮

一茎四花　田字蓮《でんじれん》

一茎五花　五岳蓮

一茎六花　天瑞蓮

一茎七花　揺光蓮《ようこうれん》

一茎八花　八面蓮

一茎九花　上方蓮《じょうほうれん》又清舌蓮《せいぜつれん》

一茎十花　十干蓮《じゅかんれん》

一茎十一花　讄拊蓮《るいふれん》又吉祥蓮

一茎十二花　十二時蓮又年光蓮

右の命名は、武帝仏式に詳しく記されている。年によって十花も十二花もあるが、先は五花六花のものが多くある。二花より少いものはない。花は、散ることがなく、蓮台はなくなって、実は一粒もできない。一には安産花といわれて、臨産の時一葉服

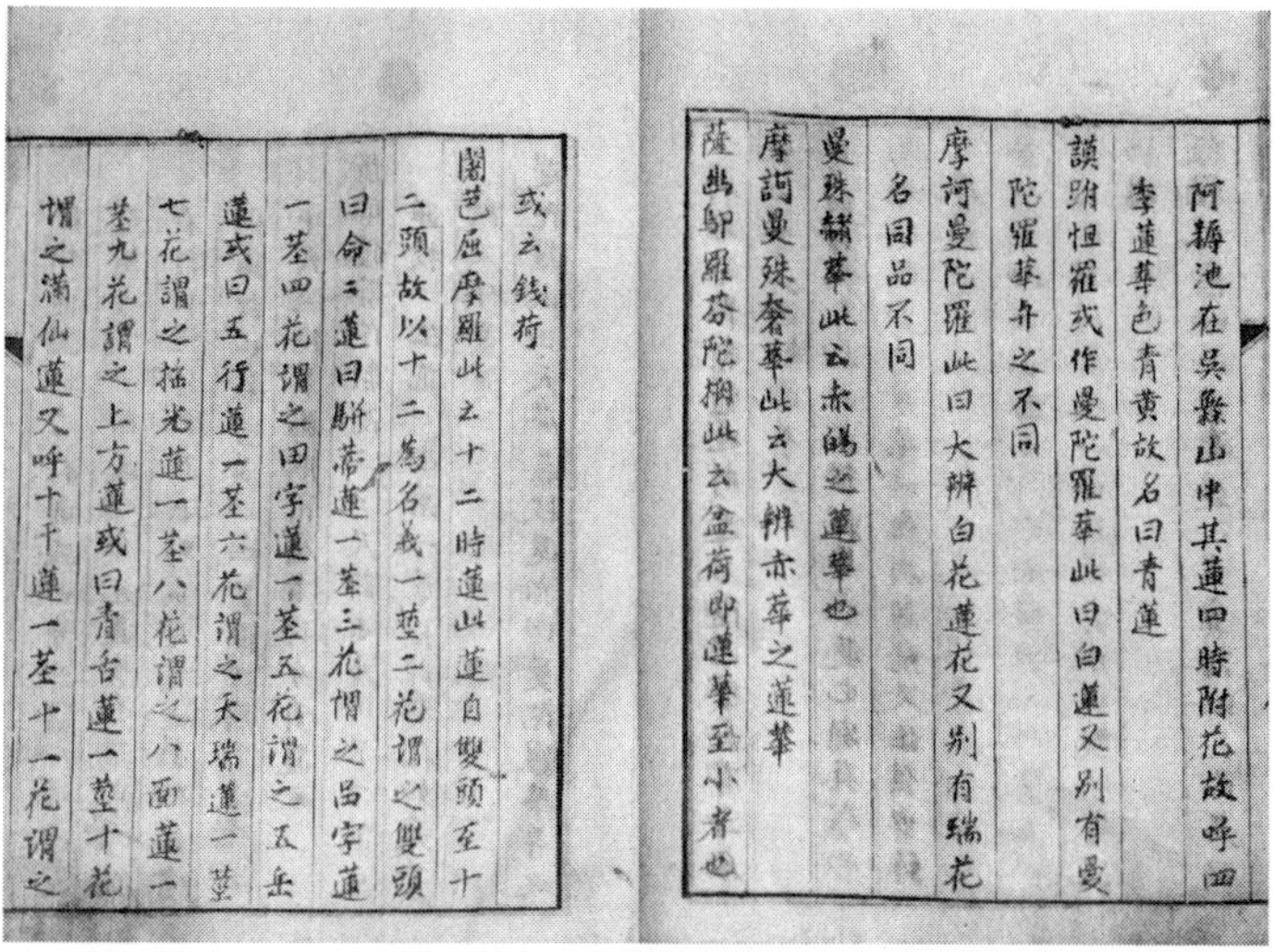
阿耨池在呉興山中其蓮四時附花故呼四
季蓮華色青黄故名曰青蓮
謨踟怛羅或作曼陀羅華此曰白蓮又別有曼
陀羅華弁之不同
摩訶曼陀羅此曰大辦白花蓮花又別有瑞花
名同品不同
曼珠綵華此云赤鵲之蓮華也
摩訶曼殊簽華此云大辨赤華之蓮華
薩曇卯羅芬陀捌此云盆荷即蓮華至小者也
或云銭荷
闍芭屈摩羅此云十二時蓮此蓮自雙頭至十
二頭故以十二為名義一莖二花謂之雙頭
曰命〻蓮曰駢蒂蓮一茎三花謂之品字蓮
一茎四花謂之田字蓮一茎五花謂之五岳
蓮或曰五行蓮一茎六花謂之天瑞蓮一茎
七花謂之揺光蓮一茎八花謂之八面蓮一
茎九花謂之上方蓮或曰青吾蓮一茎十花
謂之滿仙蓮又呼十千蓮一茎十一花謂之

梁武帝仏式下の記事

用すれば、難産でも安産となる。又、地震の時池中が動いたことはないし、池中に他の草が生えることもない。池の広さは、十間四方ほどである。……

『梁武帝仏式下』という文書から引用した、妙蓮のさまざまな呼び名が有名になったようです。妙蓮の花を見た人は、これは「品字蓮」とか、「五岳蓮」であるとか考えながら、その奇妙な花のようすを眺めていたのです。

高僧が伝えた妙蓮

妙蓮は、インドから中国へ、そして日本に伝えられたという、三国伝来のいわれをもつ珍奇な蓮です。この妙蓮を伝えたとされる、人々のことを解説しておきます。

達磨さんは、南インドにある香至国の王子でしたが、辺地で正法が衰えていくのを悲しんで、中国に渡ったと伝えられています。この達磨さんは、崇山の少林寺で面壁九年、ついに悟りをひらいたといわれている有名な僧侶です。そのころ、インドから中国に旅をするのはシルクロードを経由していたのに対して、達磨さんは海上ルートで南からやってきたのです。妙蓮の蓮根が、天竺から中国に伝えられたとすれば、シルクロード経由では全く不可能なことが、船便であればその可能性は高くなります。そして、妙蓮が伝えられたとされる梁の国は、海上交通の便がよく、しかも蓮の生育に適している長江流域にあったのです。そのころの中国は、南北朝の時代で、南朝の梁は、建康(南京)を都にしていました。達磨大師は、梁の武帝に会って妙蓮を差し上げたということになります。

梁武帝像『故宮図像選萃』
(台湾故宮博物院蔵)模写

梁の武帝は、ほぼ五十年という南北朝時代を通じて最長の在位期間を保った皇帝です。新興の教養人たちを多く登用して安定した王朝をつくりました。また、学校を建てて学問を奨励し、農業を保護するなど、南朝の黄金時代ともいえる時代をつくっています。この武帝は熱心な仏教信者で、仏に仕えるため寺僧の奴隷になりたいとして、同泰寺という寺に「捨身」したことがあります。群臣は驚いて、大金をだして、皇帝を寺から買い戻したといわれています。また、達磨さんに会って、質疑応答したという話が伝わっています。南朝の梁は、仏教の盛んな国であったのです。そこには、妙蓮のことが定着して、発展する下地が十分にあったと考えられます。

玉泉寺大雄宝殿と妙蓮池（三浦功大撮影）

現在の中国には、千弁蓮と呼ばれている妙蓮と同じハスが生育しています。湖北省当陽県にある玉泉寺大雄宝殿前の荷池には、この千弁蓮が保護されて咲いています。この寺の縁起書によると、千弁蓮は、隋朝の時代に舟山群島の普陀寺から玉泉池に写し植えたとされています。梁武帝との関連をうかがうことができるような話です。

妙蓮を日本に運んだのは、定恵上人と記されています。定恵上人は、藤原鎌足の長男で、白雉四年（六五三）五月十二日、十一歳で出家して入唐しています。天智天皇の四年（六六五）に二十三歳で帰朝して、その三カ月後に毒殺されたという人です。この時代、唐との渡航状況は、命がけの航海であったのです。種子のできない妙蓮

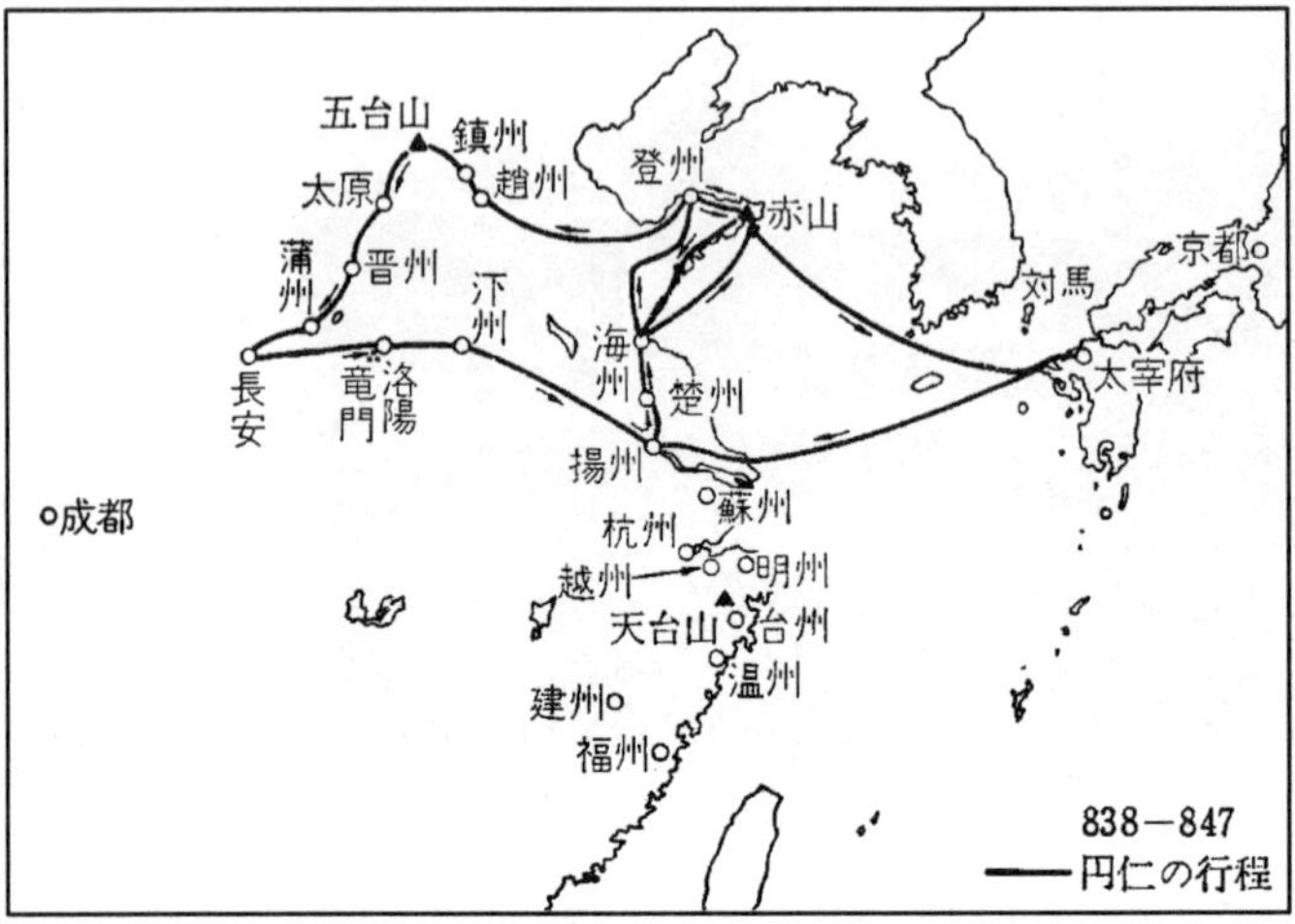

円仁入唐時の行程図

は、蓮根を運ぶ以外に移植することはできません。蓮根を生きたまま腐敗させないで、中国などから日本に運ぶ手段は、当時の船や海運の状況から不可能であったと思います。

妙蓮は、慈覚大師円仁が日本に運んだとも言われています。慈覚大師円仁は、下野の国に生まれ、比叡山で日本天台宗の開祖伝教大師最澄に仕え、修業を積みます。その後、最澄の遺志を継ぎ、仏法を求めて唐に渡り、苦難の旅を続け、新しい仏教を日本に伝えました。円仁は、承和三年（八三六）七月、第十七次遣唐使船で博多港を出発しました。ところが、外海に出ると、暴風雨にあい難破しました。ふたたび、船を修理して出航しましたが、これも逆風のため渡航できませんでした。承和五年六月に三度目の出帆をして、途中で大嵐にあい、船は難破しましたが、漁船に助けられて一月後にやっと唐の揚州に着きました。

唐では密入国の形で残り、多くの善意に助けられながら五台山で天台仏教や念仏などを学び、唐の都長安に入り、密教の大法を受けました。ところが、この時、唐の武宗皇帝による仏教の弾圧、世にいう「会昌の法難」（八四四）が始まりました。このため、外国の僧侶である円仁は、還俗させられて本国へ送還となりました。そのあと、帰国するための船を求めて各地の港をめぐり歩きました。そして、承和十四年（八四七）にやっと帰国することができました。帰国した円仁は、それまで十年間にわたって記録し続けてきた日記を整理し、半年後に『入唐《にっとう》求《ぐ》法《ほう》巡《じゅん》礼《れい》行《こう》記《き》』を完成しました。この日記は、アメリカの駐日大使であったライシャワー博士が、三蔵法師の『大唐西域記』やマルコ・ポーロの『東方見聞録』に優るとも劣らない記録であると激賞して、世界に紹介された日記文学です。

慈覚大師円仁は、先に帰国した遣唐使船に託して、多数の経典や研究書、あるいは仏陀や高僧の伝記、仏像、仏画などを持ち帰っています。しかし、妙蓮を持ち帰ったことについては不明です。円仁が帰国するときの苛酷な状況を考えると、妙蓮の蓮根を持ちかえることは不可能であったと推定されます。そして、『入唐求法巡礼行記』の中には、妙蓮のことはもちろん蓮のことについても記録はありません。

足利義満と妙蓮

妙蓮はいつごろ誰によって中国から伝えられたものかということを、田中家にある『江源日記』の記事から推定してみました。

『江源日記』巻五では、応安元年（一三六八）正月、足利義満が三代将軍になったことが記されています。そして、「二月、僧中津、妙佐を大明に遣わし玉ふ」とあり、義満が将軍になるころから足利幕府は、明国との間で貿易を始めようとしたことが書かれています。

足利義満像（京都鹿苑寺蔵）

中津とは、中国で禅を修業した絶海中津という僧侶で、帰朝後義満から厚く信頼されたといわれています。応安三年の条には、南朝側の征西将軍懐良親王が、明の使者を筑紫に止めて交流し、明国は懐良親王を日本の国王と思っていることなどが記されています。その翌々年には、義満が大軍を動かして九州征伐を行なったことが詳しく記されています。その後、明との国交は、足利幕府の手にわたり、毎年のように明との間で使者の交換を行なったことが記されています。

『江源日記』巻六下にある応永四年（一三九七）の条に、「同月（八月）道義公遣唐（明）使を立て玉ふ。遣唐使は、仁明天皇承和五年より以来五百五十年余なき事なり」とあります。幕府直営船による明との朝貢貿易を進めているのです。

応永八年には、「この年、北山殿書を大明皇帝に贈り、黄金一千両並びに珍器若干品を贈り玉ふ……」とあり、応永九年には、「二月、大明建文帝書を北山殿に贈る、其の書に曰く、日本国王源道義云々」とあります。そして、応永十一年の条には、「五月大明の使者来朝し、北山殿に於いて道義公に対面し種々献物あり」と記されています。これらの記述は、通説にある年代と異なる部分もありますが、『江源日記』ではこのようになっています。

近江源氏、佐々木家の歴史を記した『江源日記』の中で、六角佐々木家にあまり関わりのない対明貿易のことが記されていることに特別な意味があると考えます。しかも、応永十一年以後の『江源日記』の記事には、明国との交流の話は出ていません。このようなことから、これは応永十三年七月に、「田中左衛門尉頼久、九顆駢蔕蓮（妙蓮）を献ず。満高珍華なりとて北山殿に献ぜらる」という、妙蓮が初めて義満に献上されたという記事に関連していることと推測しました。

応永十一年五月、明国から義満に贈られた献物の中に、瑞兆とされている妙蓮の蓮根が含まれていたと推定します。あるいは、そのころ義満が派遣した遣明使節が持ち帰ったのかも知れません。義満は、これを蓮の生育に適した琵琶湖のほとり、近江守護職六角満高にこの蓮根を育てることを委託したのでしょう。六角満高は、田中左衛門尉頼久にこの蓮の育成を命じたのだと思います。田中頼久は、屋敷の西側にある氏神八幡社の庭に丸池を掘って、この蓮根を植えました。五月は、蓮根を植えるのにはぎりぎりの時期でしたが、うまく生育して、二年後には見事に花が咲いたと思われます。妙蓮は、ほとんどの場合、移植したあと二～三年は花が咲かないことから推測すると、応永十三年に義満に妙蓮が献上されたことは、その二～三年前に田中の池に移植されたと考えることができます。

妙蓮池のそばには、お堂が建てられ、蓮池の守り神として大日如来が祀られました。また、義満からは妙蓮を保護するための「法度書き」が下されたということです。

『双頭蓮書付』という文書には、次のようなことが書き残されています。

一、此の蓮を私家に支配仕候は、先祖佐々木一統田中何某此処に居住仕候処、此蓮日本無双成故、毎年奉㆓禁裏様又は室町将軍様へ差上㆒、将軍殊外愛し給候て、下し給高札の表。

法度

一、此内へ入、花の儀は不㆓申及㆒、落葉をも取申間敷者也　六月日

皇室や将軍家などに献上された妙蓮

足利将軍と妙蓮

『江源日記』巻六下には、応永十三年（一四〇六）七月田中頼久が、九顆駢蔕蓮を六角満高に献上したことが書かれています。一茎九花の妙蓮の花が、近江守護の六角満高に献上されたのです。満高は、この妙蓮を珍しい花であるとして、京都北山の足利義満に献上しています。

……道義公、珍花なりと賞せられ古記を考しめ玉ふに、舒明天皇七年大和国剣池に一茎二華の蓮華生ず。又皇極天皇三年にも剣池に一茎二華の蓮を生ず。一条院長保元年一茎二華の蓮を献ず。又後一条院万寿四年七月四茎蓮華を献ずとあり、然れども是は皆変華なり。今献する所の蓮は、二顆より十二顆に至る駢蔕ならざるはなし、本朝無双の珍華なり。……

義満は、献上された妙蓮が珍しい花であることを賞めて、このような蓮に関する古い記

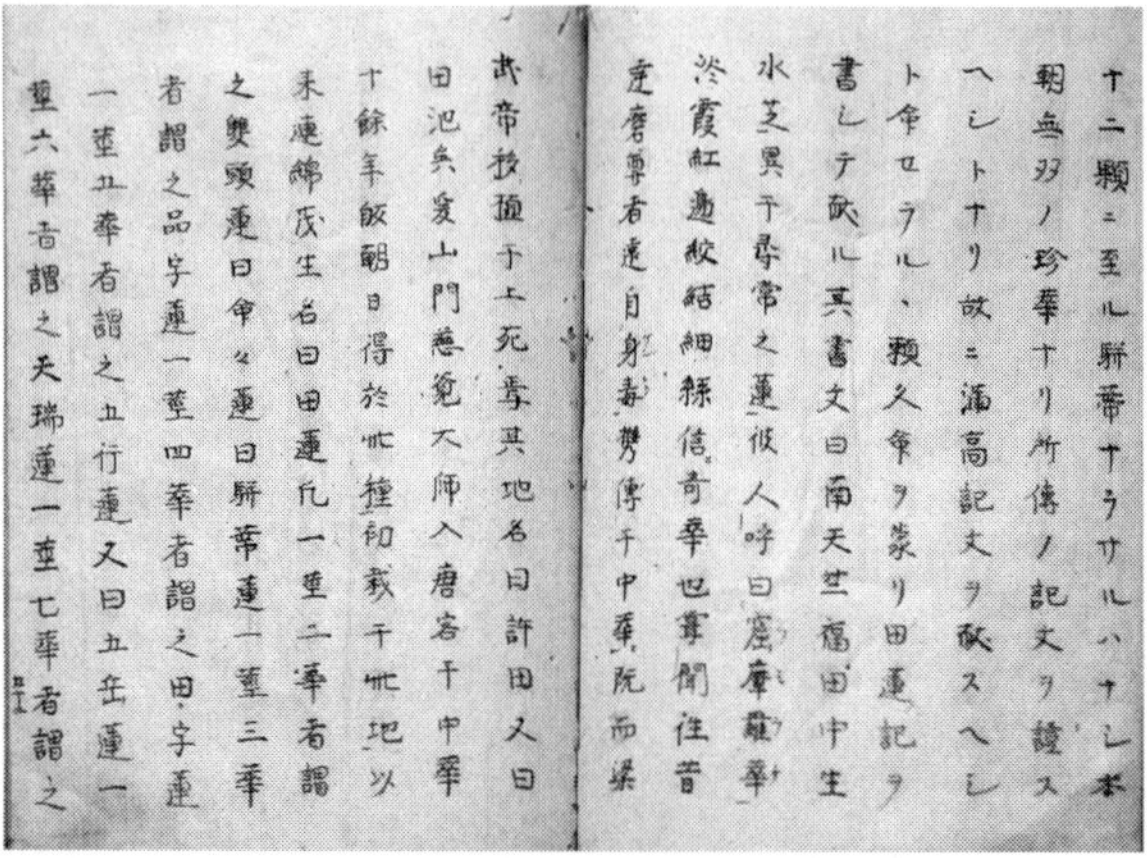
十二顆ニ至ル駢蒂ナラサルハナシ本
朝無双ノ珍華ナリ所傳ノ記文ヲ讀ス
ヘシトナリ故ニ満高記文ヲ献スヘシ
ト命セラル、頼久命ヲ蒙リ田蓮記ヲ
書シテ献ル其書文曰南天竺福田中生
水芝異于尋常之蓮彼人呼曰窣摩羅華
浴霞紅邊殺結細條倍奇華也箕聞往昔
達磨尊者遠自身毒躬傳于中華梁
武帝授随于上死尋其地名曰許田又曰
田池矣爰山門慈覚大師入唐客于中華
十餘年飯朝日得於此種初栽于此地以
未遑締茂生名曰田蓮凡一茎二華者謂
之雙頭蓮曰會々蓮曰駢蒂蓮一茎三華
者謂之品字蓮一茎四華者謂之田字蓮
一茎五華者謂之五行蓮又曰五岳蓮一
茎六華者謂之天瑞蓮一茎七華者謂之

『江源日記』応永13年７月の記事

録を調べさせました。これまでに報告されたり、献上されている珍しい蓮の花は、普通の蓮が変わった花を咲かせたものでしたが、このたび献上されたのは、一茎二花から十二花まである駢蔕蓮であって、これまでわが国にはなかった珍しい蓮の花であることがわかりました。そこで、この駢蔕蓮に関する口伝や書付けなど、伝えられていることを明らかにして献上するように命じられました。記文の献上を命じられた満高は、頼久にそのことを伝えたので、頼久は『田蓮記』を書いて献上しました。『田蓮記』の内容は、先に取り上げた『三国伝来の双頭蓮』など、「蓮いわれ書き」の内容と同じようなものでした。『江源日記』には、次のように書かれています。

「満高、其の記文を北山殿に献ぜらる。道義公の曰く、実に是れ海内の仙種なり、明年も復た献ずべしとなり、是より年々上覧に備えてその名近国に聞ふ」

『江源日記』には、妙蓮の蓮根と同時に伝えられた

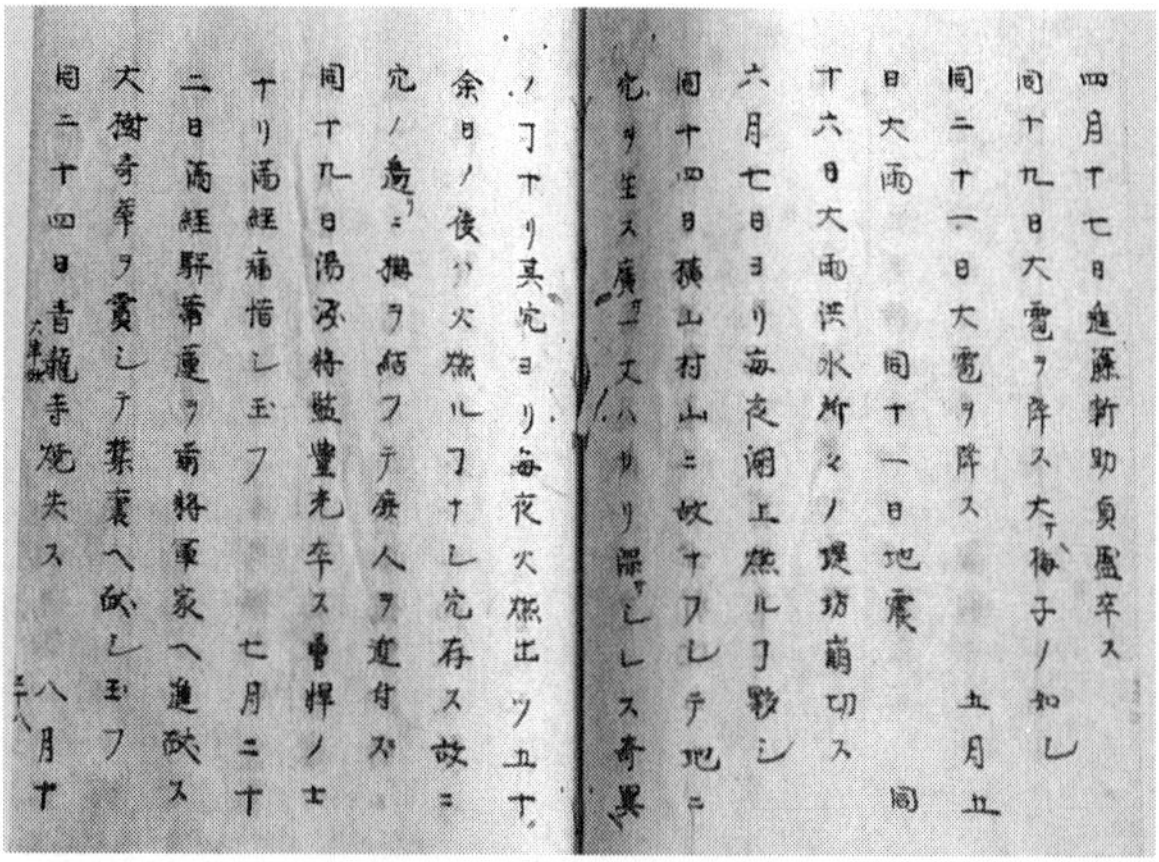

『江源日記』応永33年７月22日の記事

と考えられる、『梁武帝仏式下』から書き写した一茎二花から一茎十二花までの妙蓮のいろいろな呼び方が書かれています。以後、「蓮いわれ書き」の中で、不思議な花である妙蓮の瑞兆を表わす呼び名として伝えられています。

『江源日記』巻七上の、応永三十三年（一四二六）の条には、「七月二十二日、満経駢蔕蓮を前将軍家へ進献す。大樹奇華を賞して禁裏へ献じ玉ふ」とあります。

前将軍家とは、足利六代将軍義教のことで、このときは後見していた七代将軍義量が、応永三十二年に逝去したため再び自ら政務をみていました。義教に献上された妙蓮は、珍しい花であるとして称光天皇のもとに献上されたのです。義満に初めて妙蓮が献上された応永十三年以後、毎年のように将軍家には妙蓮の献上が続けられていたものと思われます。しかし、天皇に妙蓮が献上されたのは、これが最初のことだと考えられます。そのために、ここに特別に記録されたのだと思います。この記録以後は、『江源日記』の中に妙蓮献上のことは何も出ていませんが、しばらくは続けられていたものと思います。しかし、やがて六角家では内紛が起こり、さらには応仁の乱が始まるなど、世の中が騒然となって、妙蓮の献上のことは途絶えたと思われます。南北朝が統一されて戦乱は納まり、室町幕府の権力が安定して比較的世情が平穏であった時代は、妙蓮の献上が続けられていたのです。

禁裏様に献上された妙蓮

江戸時代に入ると、後水尾、霊元、中御門、桜町の各天皇や、秀忠、綱吉、吉宗などの将軍家などを初めとして、宮家、公家や加賀の前田家、膳所藩、大溝藩などの大名方、あるいは各地の寺院などにも差し上げられたという文書が、多数残されています。妙蓮は、平和な時代の象徴のようになって珍重されていたのです。

『禁裏様　蓮花奉差上げ覚』という文書があります。これによると、享保十八年（一七三三）から天明元年（一七八一）まで、毎年のように皇室に妙蓮が献上されています。この文書は、田中家十七代綱義が、天明の飢饉が終わった寛政（一七八九～）の初めころに書き残したものと思われます。

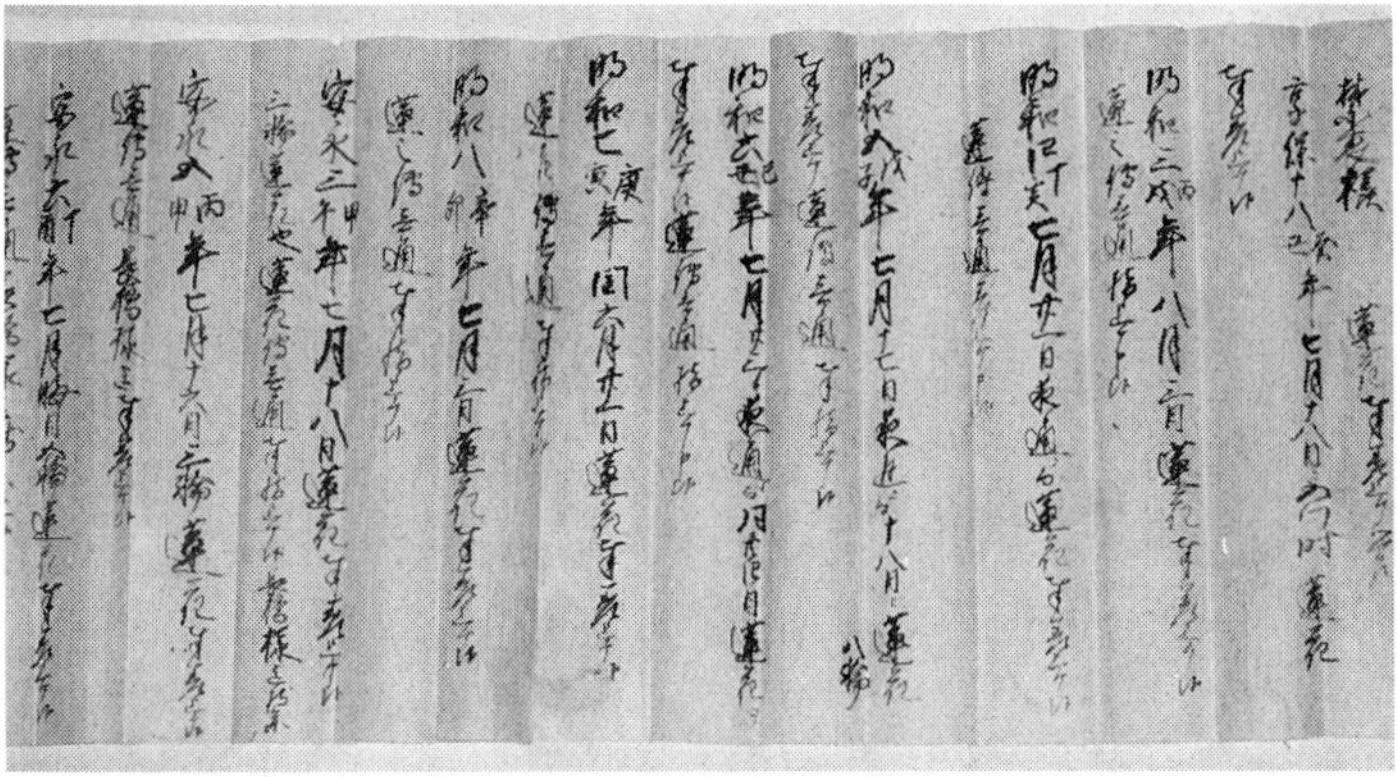

『禁裏様　蓮花奉差上げ覚』の記事

享保十八年は、前年の飢饉のため前半期の米価は高く、一月には江戸で初めての打ち壊し米騒動が起こっています。しかし、秋には大豊作になって息をついでいます。この年、中御門天皇のおられる京都の御所まで、妙蓮を持参した様子を詳しくしたためた文書があります。田中家十六代綱光が、享保十八年七月二十日に書いたものです。この時の妙蓮献上のことを記録した文書は、何通も残されていますが、それらによると、そのおおよその経過は次のようになっています。

妙蓮を天皇様に献上するため、夜通しかけて京都まで運んだのは、綱光の倅である綱義でした。綱義は供一人をつれて、七月十七日の夕方妙蓮の花を持って出発しています。守山から京都までは、中山道、東海道を通ってほぼ八里（約三二km）ですが、逢坂山などの山越えもあって、「京発ち守山泊り」といわれている一日行程の道のりです。夜通し歩いて、

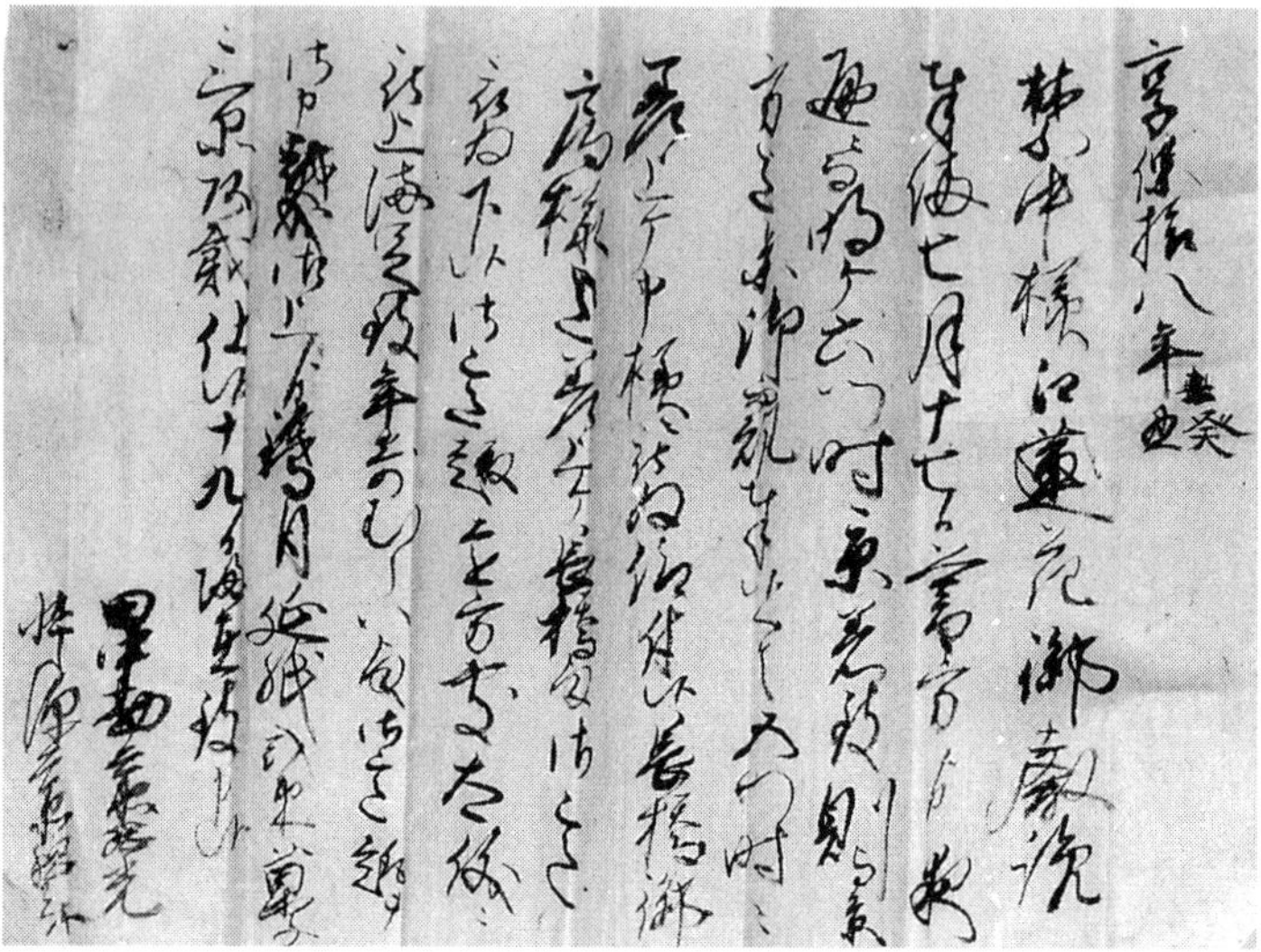

禁中様蓮花上げ申す覚（享保18年７月20日）

十八日の朝六時ごろ親戚の与兵衛宅に着きました。綱光の実家の兄永綱は、与兵衛と名乗って京都に住んでいたのです。その与兵衛宅から、奏請をつかさどる長橋の局（勾当内侍）まで、妙蓮献上のことを申し出ています。そして、朝の八時に持参するようにと仰せ付けられ、八時に長橋の局へ妙蓮を届けました。この時、同時に前述の「蓮いわれ書き」も添えられています。長橋の局の年寄村井様より妙蓮献上のことが奏請され、遠路をご苦労だったと満足されているということを承り、御上より一貫文の銭と、延紙二束、お菓子三品を頂戴しました。そして、翌十九日には田中村の自宅まで帰りついています。

妙蓮が頂戴した鳥目《ちょうもく》

鳥目一貫文とは、寛永通宝といわれる銭（銅貨）が一千文ということです。それが現在の金額にしてどれくらいのものか正確なことはわかりません。しかし、寛永通宝が鋳造された当時は、一文で鰯一匹、塩一合、餅一個などを買うことができたそうです。その購買力から、寛永通宝は広く一般庶民の日常生活に愛用されて、日本全国で深く浸透していたといわれます。それればかりでなく、アジア地域での最良の銅貨として、海外にも大量に流出しています。中国では、内蒙古、四川省などの奥地も含めて、全土から寛永通宝が出土しています。インドネシアでは、第二次世界大戦が始まるころまで、寛永通宝が通貨として使われていたという話もあります。（三上隆三著『江戸の貨幣物語』より）

江戸時代の貨幣は、金、銀、銅の三貨幣制になっており、江戸や東国（陸中から関東を経て尾張）は金本位経済圏、大坂、京をはじめとする西国（陸奥から日本海側越前を経て関西以西全域）は銀本位経済圏となり、銅銭は全国的に普及していました。したがって、金貨・銀貨・銅銭の交換比率を一定に保つことが幕府にとって大きな課題でした。享保十八年ごろは、金一両＝銀六〇匁＝銭五貫文という相場になっていたということです。したがって、銭一貫文とは、銀一二匁になります。銀一二匁とは、どれくらいの価値があったのでしょうか。

享保十七年は、西日本は大飢饉の年で、大坂での米一石の建値が、銀一三〇～一五〇匁という異状な高値でした。しかし、享保十八年の秋には、豊作のため大坂で米一石の建値が銀四六～三六匁と下落しています。幕府は米価の下落を防ぐため、享保二十年、大坂で米一石の値段を銀四三匁以上とするよう公定しています。この公定価格から考えると、この当時の銭一貫文は、米が二斗五升（約三七kg）購入できた金額に相当します。

銭一貫文は、百文＝百枚単位でまとめて、中央の方形の穴にサシとよばれる紐をとおして束ねていました。貫という漢字の上部の一は、この銭ザシの象形文字であるといわれています。その重さは、一貫匁ですから約四kgだったのです。結構重い荷物になったことでしょう。ただし、使用上の便宜をはかって銅貨百枚をサシで束ねていたのですが、実際には九六枚を束ねて、それが一サシで百文銭として通用していたようです。したがって、銭一貫文は銭九百六十文で、四kgよりいくぶんか軽かったことでしょう。

当時の禁裏御料は、家光が三代将軍になったとき加増されて、二万石になっていました。決して裕福な財政ではなかったと思われますが、妙蓮の花を御所まで運んで、献上した謝礼として一貫文を頂戴したのです。

江戸時代の銅貨には、大仏銭という興味ある話があるので付け加えておきます。京都方広寺には、家康の勧めによって秀頼が作らせた金銅の大仏がありました。寛文二年（一六

寛永通宝

江戸時代の金貨

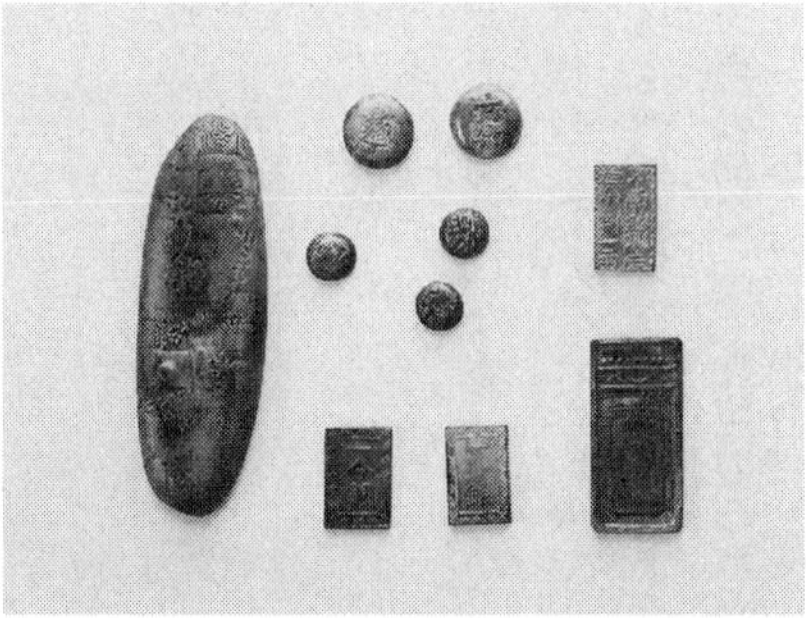

江戸時代の銀貨

六二）三月の京都大地震で、この大仏の首が落ちてしまいました。幕府は、修理するかわりに木造大仏を作り、その銅を使って海外流出などで不足していた寛永通宝を鋳造したということです。大仏の御身体銅で作られた銅貨は、大仏銭として尊ばれて、小仏像や仏具に鋳直されることもあったということです。妙蓮献上によって頂戴した銭が、大仏銭だったとすると縁起のよい話になるのです。

宮様などから所望された妙蓮

賢宮様の御内から、妙蓮を所望されている書面が残されています。いつごろの書状であるか正確なことはわかりませんが、綱光の実兄になる与兵衛からかねがね聞いているので、この夏に妙蓮が咲いたならば、賢宮様のご覧にいれたいので、誠に大切な花ではあるが、一輪の妙蓮を献上していただければすべての望みがかなうように満足ですと、大仰な字句の内容になっています。とにかく、京の都では、妙蓮のことが高貴の方を初めとする各方面で話題になり、この奇妙なハスの花をぜひ一度見たいという希望をもつ人が多かったのです。

一方では、妙蓮の献上を受けた人から届けられた返礼の書状が多数残されています。それらを読むと、各所で妙蓮を懇望することが強かったことと、その花を宝物のように大切

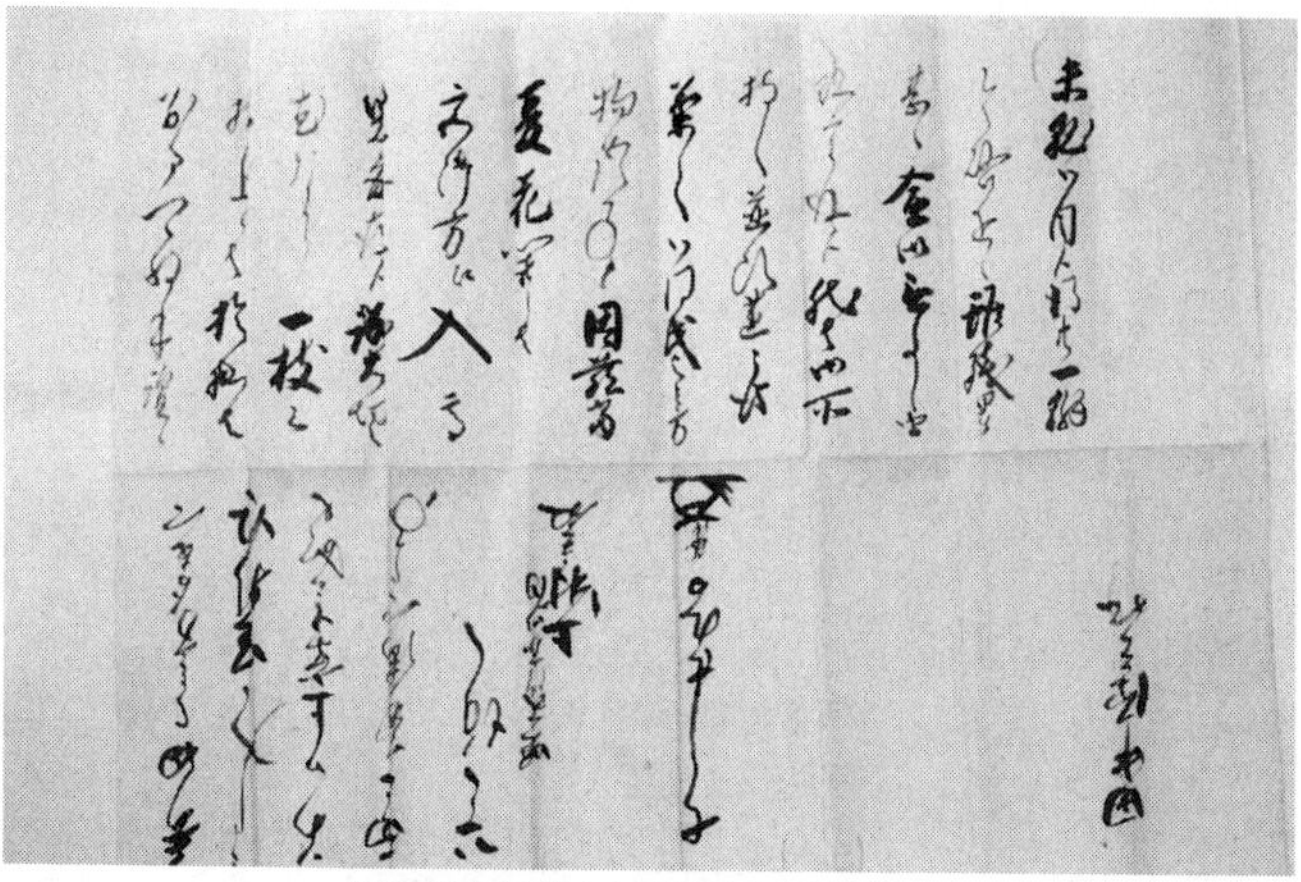

賢宮御方御内上村主殿よりの書状

に取り扱っていることがわかります。

大和国当麻寺護念院から、一茎五花の妙蓮を寄付してもらったことへの受領書が、「覚え書き」として届けられています。そこには、「妙蓮の蓮糸で織った曼陀羅の由緒を持つ寺であり、御寄付いただいた妙蓮は、当山で永世重宝にいたします」と書き加えています。妙蓮は、これほど貴重な花であったのです。

当麻寺にある重要文化財の曼陀羅は、大日池の妙蓮の蓮糸で織られたものだという伝承があります。そのため、妙蓮には、蓮糸がなくなっているという伝説まで作られていました。そこで、大賀一郎さんが、当麻寺の曼陀羅を科学的に調査したところ、この曼陀羅は、絹織りで蓮糸は使われていないことが判明しました。しかし、大和当

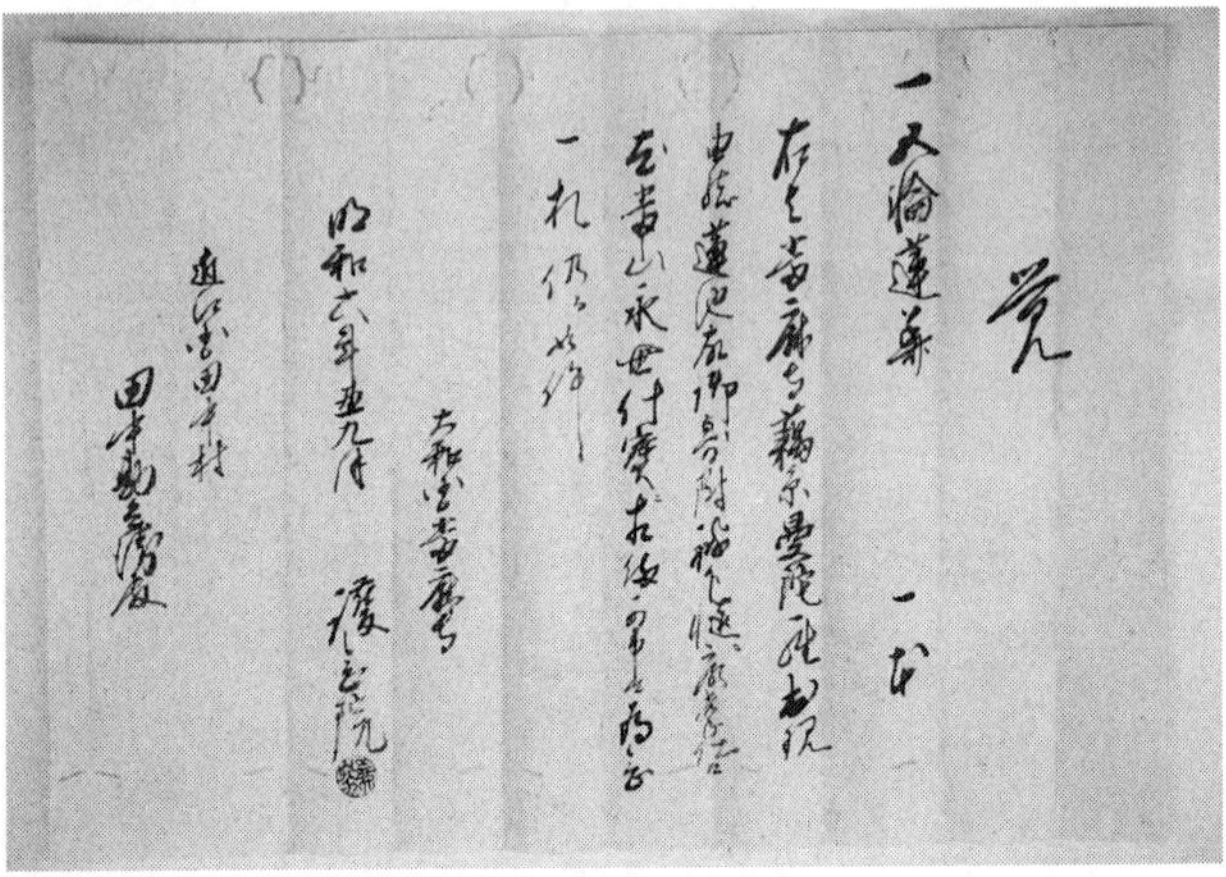

当麻寺護念院の覚え書き

麻寺と田中の妙蓮は、古くから目に見えないような蓮糸でつながっていたのです。

明和七年（一七七〇）から安永三年（一七七四）ころのものと思われる、冷泉為村から贈られた詠歌のある文書があります。その全文を記載します。

近江国野洲郡田中村の蓮いけの華は、一茎に花数々開く、三国伝来の双頭蓮といふ。

目縁あかく、此の花をみて、まことに福田功徳水の蓮池なり。

止静隠人澄覚

一茎に花数　さきて
福田の根さしも　しるき
池の蓮葉

冷泉為村は、江戸中期の公卿で有名な歌人です。

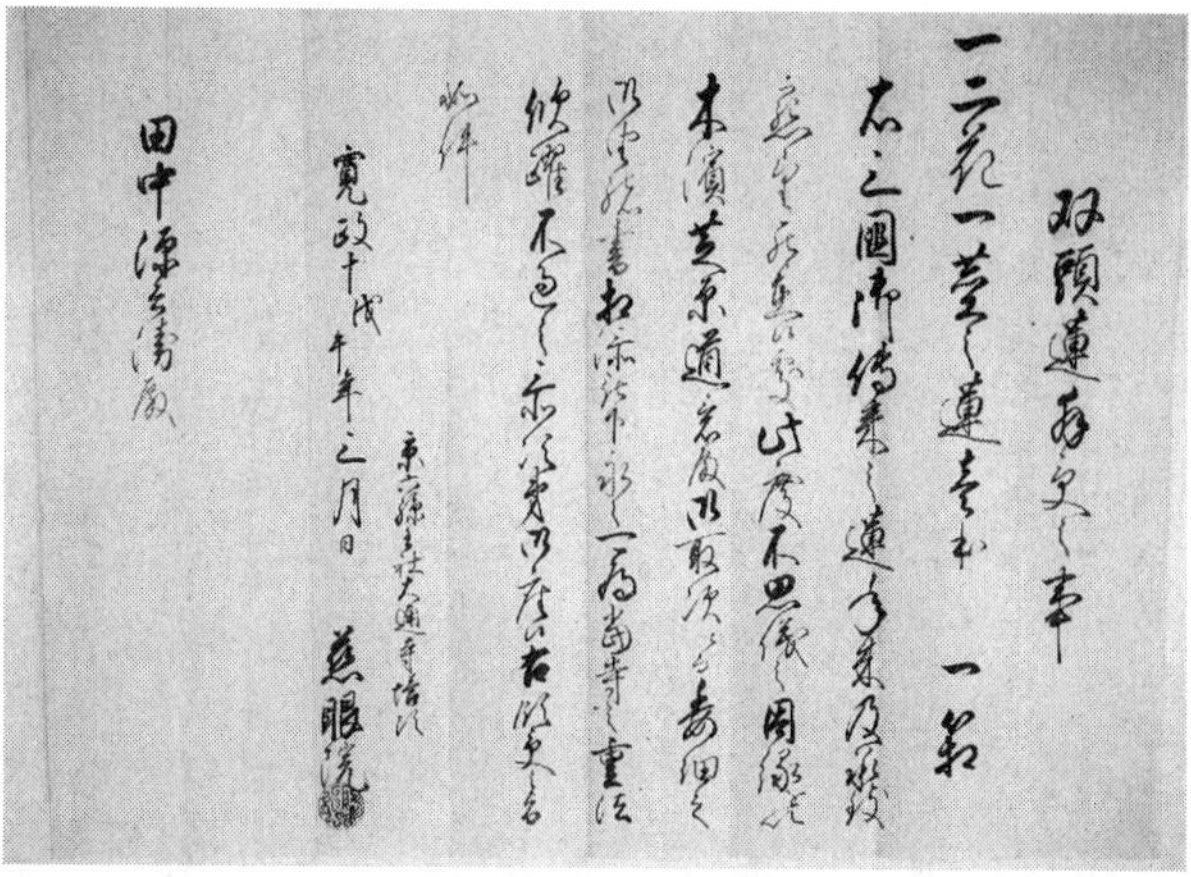

双頭蓮拝受之事

寛政十戊午年三月日

慈眼院

京都慈眼院からの文書

宝暦八年正二位、同九年に権大納言になっています。霊元法皇から「古今伝授」を受け、冷泉家中興の祖といわれています。和歌の門人が多く、石野広道、萩原宗固、柳原紀光などが門下にいます。『冷泉為村卿和歌集』『為村卿月の歌』『月下百吟』『樵夫問答』など、多くの著作があります。明和七年に出家して、法号を澄覚といいました。そして、安永三年に亡くなっています。したがって、この歌が詠まれたのは、安永初年のことと思われます。この文書には、後の人が書いた「冷泉院為村卿御詠」という包紙が残されていますが、この冷泉院というのは書き誤りです。

『双頭蓮拝受の事』という、京都慈眼院から寛政十年三月に届けられた文書があります。一茎二花の妙蓮を贈られた京六孫王社大通寺の塔頭・慈眼院から、田中家十八代当主義俊にあてた「双頭蓮受納書」です。永年懇望していた妙蓮を、その由緒書きとともに頂いたことに対し、永く寺の重宝にしたいと喜びにあふれる書状です。書状の日付と、箱入りの妙蓮ということで、枯れ花であったように思われます。妙蓮は、花弁のほとんどを散らさないで枯れ花になるので、長年にわたってそのまま保存できます。この慈眼院からは、その翌年も一茎五花の妙蓮に対する受納書が田中家に届けられています。

六孫王社は、現在、京都市南区壬生八条上ル八条町にあり、平安時代中期の武将、源経基を祀る神社です。十月十日には、宝永祭りが行なわれています。宝永四年（一七〇七）幕府の援助によって、神輿などの祭礼用具が整えられたのに因むといわれています。六孫王社は、かつて大宮通り九条下ルにある大通寺の鎮守社であったことから、宝永祭りの巡行の途中で大通寺に立ち寄って、読経を受けています。

「柳原前大納言紀光御墨付書」と表書された包紙に入れられた、仮名文字がたくさん使われた見事な文書があります。妙蓮を贈られたことへの謝礼の文書のようです。そして、その歌には、「うてなのかさなるはす」という十文字を見事に歌いこんで、何千枚もの花弁が重なった珍奇な妙蓮の花を讃えています。

柳原紀光は、江戸後期の公卿。安永四年正三位権大納言、天明元年正二位に進み、後桜町、後桃園、光格の各天皇に仕えています。また、『百練抄』の後を継いで、亀山天皇から後桃園天皇までを記した『続史愚抄』全十八巻を著しています。寛政九年落飾して、同十二年に亡くなっています。したがって、この詠歌の文書は寛政年代のものだと考えられ

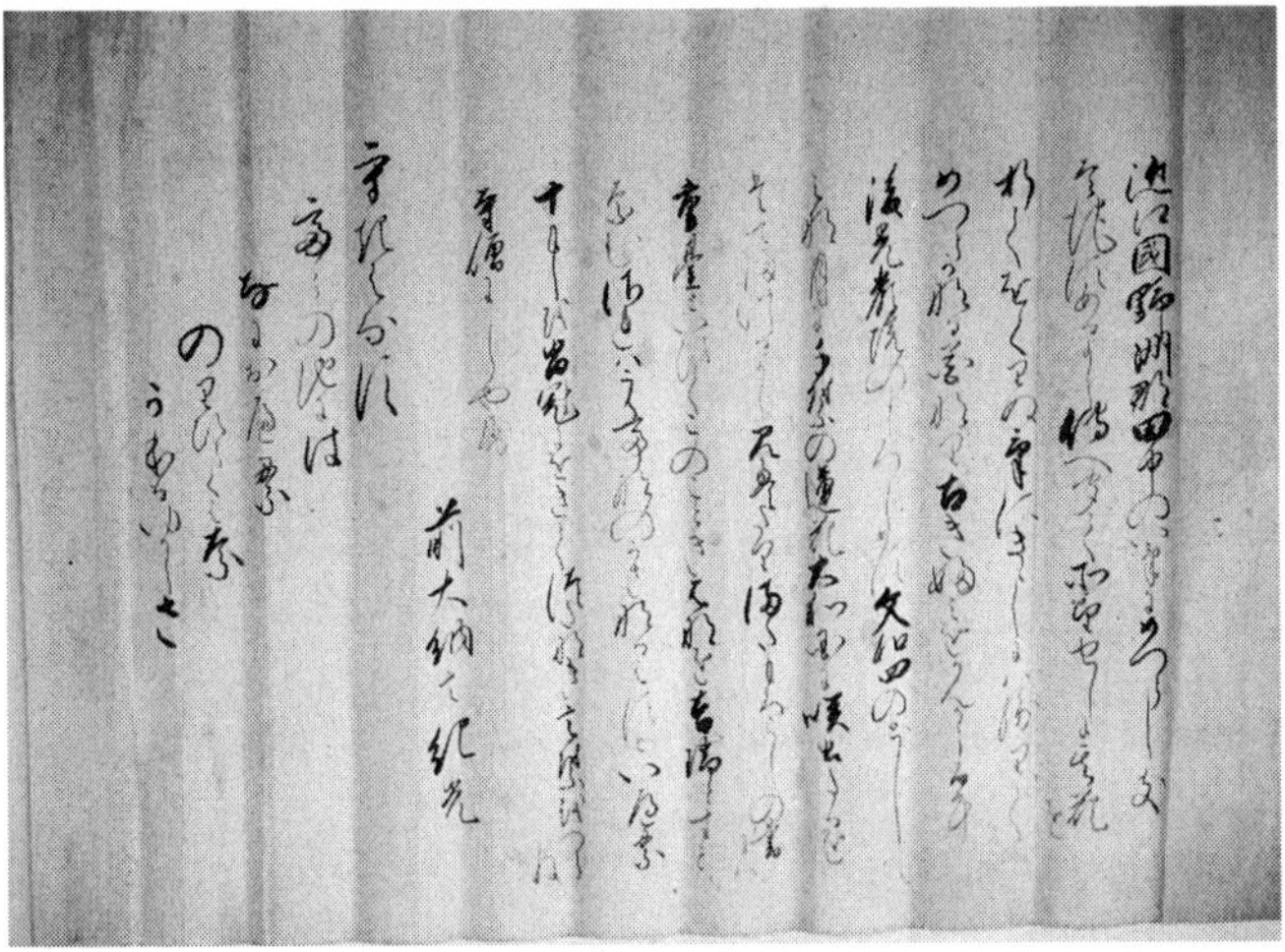

前大納言紀光の書状

【解読文】

近江国野洲郡田中のいけに、めづらしきはちすのあるよし伝へ聞きて所望せしに、其の花を折てをくりぬ。げにききしには勝りてめづらかなる花なり。古きふみをかんかうるに、後光厳院のしろしめす文和四のとしみな月に、千葉の蓮花大和国に咲出たるをたてまつるよし見えたり。またもろこしの書には重台といひて、このこときはなを古瑞とすとなむ。されば、うてなのかさなるはすといへる十もじを尚冠にをきて、つたなき言葉をつらね、寺僧にしやす。

前大納言紀光

うきはなす
てらの池には
なにおへる
のりひらくはな
かほるゆかしさ

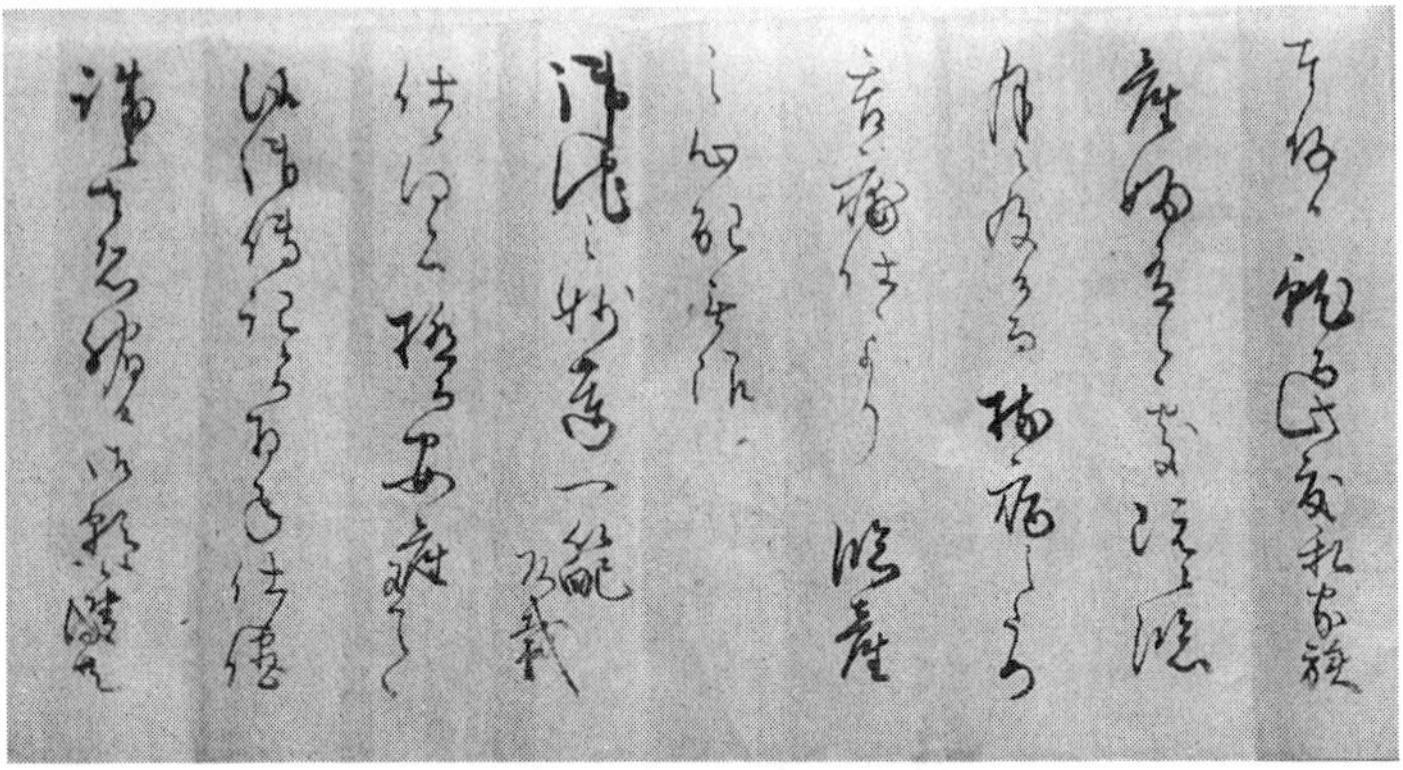

妙連の文字がある藤崎惣兵衛の書状

ます。なお、この文書の前文に書かれている千葉の蓮花とか重台というのは、八重咲きになった普通種の蓮のことです。

明治維新前後のころの文書として、日野村猫田の藤崎惣兵衛から、妙蓮の花びらをお恵み頂きたいという内容の書状があります。

その概要は、次のようになっています。

「……私の家族に産婦がおります。すでに臨月になりましたが、持病があるので苦しんでいます。そのため、出産に臨んで限りない心配があります。お池にある妙蓮を一花頂戴することができれば、安産になることをご伝記によって承っています。誠に恐縮なお願いですが、なにとぞ一枚の花びらをお恵みくださるよう懇願いたします。このような無上に尊いお花を頂戴するというお願いは、敬意を失し恐縮するほかないことと存じますが、母子二人の命を助けるために、ご慈悲をたれさせられ、お聞きとどけくださるよう、伏してお願い申し上げます……」

妙蓮の花びらが、安産の妙薬であるということは古くからいい伝えられ、「蓮いわれ書き」にも記されています。そして、妙蓮の花は、その瑞祥にあやかるだけでなく、それが安産の妙薬として所望されていたのです。この書状に書かれているように、産婦を抱える家では、母子の助命嘆願のような文言でもって妙蓮の花びらを懇望していたのです。

日野村猫田の藤崎惣兵衛とは、現在の蒲生郡日野町猫田で造り酒屋をしていた人です。そして、明治維新後の蒲生郡では、経済界の名士であった人です。現在は、関東の方に移転しているということです。なお、この書状が持つ大切な意味は、「妙蓮」という呼び名が初めて使われていることです。幕末までの妙蓮に関する文書では、駢蔕蓮や双頭蓮を始めとして様々な呼び名が使われてきました。しかし、妙蓮という呼び名は、これ以前の文書には一度も見られませんでした。

江戸でも評判の妙蓮

江戸で大名方の評判になった妙蓮

宝暦、明和、安永という時代になると、禁裏様への妙蓮の献上は通例となり、いろいろな宮家や公卿たち、あるいは京都所司代、町奉行や諸大名方、そして各地の寺院などにも差し上げられるようになりました。それに関する受納書や返礼の文書、御詠歌などが多数残されています。また、妙蓮を希望するいろいろな方面からの依頼の文書が何通も残されています。このころ、京の都における妙蓮の評判は非常に高かったようです。そして、この評判を聞いた多くの文人墨客たちが、妙蓮を観賞するため田中村の大日池に立ち寄り、田中家に宿泊して、十七代当主綱義と歓談したようです。そして、妙蓮を讃える詩歌などを多数書き残しています。これらの、詩歌が寄せ書きにされた巻き物が、三巻残されています。そして、その中には、雨森芳山、大江資衡、田一元、杉坂尚庸、直海元周、南部孝、松平秀雲、京師閑水山人、神宮官大機、東堤橋富之、平義綱、釈龍乗、広瀬麟、釈大我、

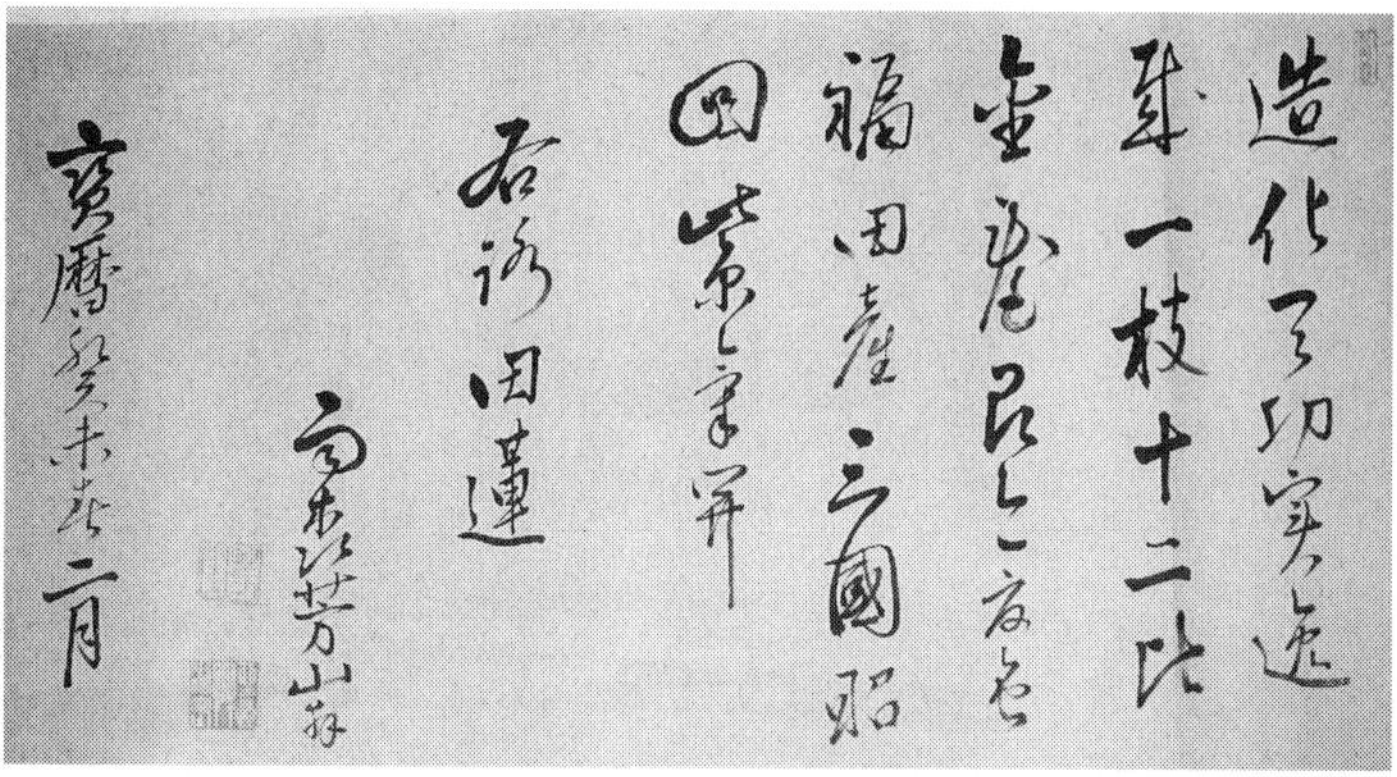

雨森芳山が書いた妙蓮の讃文

釈道源、藤忠英、南明玄熈などという記名があります。

一方、江戸においても妙蓮のことが、大名方の間で評判になっており、田中家から贈られた妙蓮を観賞しています。そして、丹波亀山城主・松平紀伊守は、帰国の途中で妙蓮の花が咲いているようすを見るため、大日池に立ち寄っています。このときの経過を、残されている文書でたどってみます。

江戸三田にある済海寺の役僧順達から田中源兵衛綱義あてに送られてきた書状が五通あります。これらの書状に日付は記入されていますが、その年代は明らかではありませんでした。しかし、田中家に残された他の文書によって、済海寺の僧順達から最初に届けられた書状は、宝暦十年（一七〇六）正月二十五日付けのものであることが分かりました。この後、江戸の済海寺と近江の田中家の間で妙蓮を仲介にした書状のやりとりが、宝暦十三年まで続けられていました。

済海寺は、東京都港区三田四―一六―二三にある浄土

現在の済海寺

宗の寺院です。寛永三年（一六二六）、越後長岡藩初代藩主牧野駿河守忠成の援助で創建され、二代藩主牧野飛騨守忠成以後の歴代藩主の菩提所になっていました。現在、これらの墓石は長岡市に移転されています。また、伊予松山藩松平家の菩提所にもなっていました。幕末には、江戸五宿寺の一つに指定され、わが国最初のフランス公館となり、フランス公使が駐在していたこともあります。現在の寺院は、コンクリート造りに建て替えられ、ビルの谷間に伊予松平家の古い墓石が並んでいます。

徳川家康も信仰した浄土宗の済海寺は、参詣する大名方がたくさんいました。その大名の一人が、妙蓮という珍しい蓮のことを話題にしました。そこで、済海寺の役僧順達は、妙蓮池の持主である田中家と旧知であるということを話したところ、ぜひともその珍しい妙蓮が見たいという希望が出されました。そこで、順達から済海寺の宝物にしたいと思うので、妙蓮を二～三本頂戴できれば有難いと書き送ってきたのです。門外不出の妙蓮を所望することに恐縮しながら、大名方がぜひ御覧になりたいという希望が強いのでお願いしますと、丁重な申し出がなされています。妙蓮の花を所望するのは、容易なことではなかったのです。

　済海寺の役僧順達が、田中家に依頼してきた妙蓮は、その夏、大日池で開花するとすぐに三本贈り届けられています。六月十九日付けの書状では、そのお礼の言葉と、早速大名方にご覧に入れたようすを伝えています。

済海寺よりの６月19日付け書状

　妙蓮の花は、江戸まで運んでいるから枯れ花になったと思いますが、この妙蓮を御覧になった大名方は、ことのほか珍しがられて、その慶びを詩歌に託したいと仰せられたようです。この詩歌は、全部揃ったならば田中家に進呈しますと書かれています。この書状の「追て書き」には、「尚以って、御大名方殊の外珍敷く思し召し、御吹聴遊ばされ候ふ御事に御座候ふ。以上」と書かれています。江戸では、珍しい妙蓮をご覧になった大名方からの話が各所に広まって、妙蓮の評判がますます高まっていったようです。さらに、近々上京するので、御面談の上で委しいお話とお礼を申し上げますと記されています。

　ところで、この六月十九日付の書状は、何かの手違いで田中家に届けられるのが遅れたようです。七月五日付けで書かれた書状が、急用と記された包紙に入って届けられています。そこには、間違いでお礼の書状が遅れたことをお許しいただきたいということと、妙蓮を見た大名方がその奇妙な花を誉め讃え、そのことをひろく言いひろめていることを、再度繰り返して書き加えています。

宝暦十一年の初冬には、順達が京都の総本山知恩院に所用のため上京したようです。その時、田中家に立ち寄って、これまでの経過を話しているようです。そして、妙蓮の枯れ花を頂戴して江戸まで持ち帰り、再び大名方に披露して大喜びしていることが、宝暦十二年の十二月二十日付けの書状に書かれています。そこには、さらに早速お礼の書状を送るべきところを、年末は殊のほか用向きが多く、またこの春は大火事のため近辺が残らず焼け、この寺も表門と裏門が焼け、自分も怪我をするなどのことで、この書状がたいへん遅れたことをお許し願いたいとなっています。

この時の大火は、芝浦から出火して三田一帯を焼き、ついには済海寺の江戸本山になる芝増上寺も焼けたという、宝暦十二年二月十六日の江戸大火のことです。大名方の屋敷にも類焼したものが多くあったようです。このようなことで、妙蓮を讃える詩歌が揃わないことを詫びています。結果として、この時の詩歌は、田中源兵衛綱義のもとには届けられなかったようです。

大日池で妙蓮を観覧した大名

宝暦十三年六月十五日付けで、済海寺より田中家に届けられた書状があります。江戸では、大名方の間で妙蓮の評判が、ますます高まっていたようです。そして、丹波亀山城主松平紀伊守が帰国の道中、お忍びで妙蓮を観覧したいといっているので宜しく頼むと依頼してきた書状です。

それによると、「……済海寺の檀家である松平紀伊守様は、六月下旬江戸を出発して中山道を通り帰国されます。そして来月の八月から十二日の頃に、大日池に立ち寄り妙蓮をご覧になりたいと仰せられています。恐らく、その頃に野洲よりお忍びで大日池に立ち寄られるものと思っていてください。このことは、済海寺の順達から前もって申し伝えるようにとのことなので、そのようにお考えください。大名方が妙蓮を直接ご覧になることは、極めて珍しいことなのでよろしくお願いします。……」となっています。そして、その書状は、それまでのものと異なって、順達と順栄という二人の僧の署名があります。

亀山城主松平紀伊守とは、寛延元年（一七四八）丹波篠山城主から入封した松平又七郎信岑のことで、現在の京都府亀岡市に居城のあった五万石の領主です。享保二十年（一七三五）から宝暦六年（一七五六）まで奏者番や寺社奉行を勤めて、宝暦十三年十一月二十

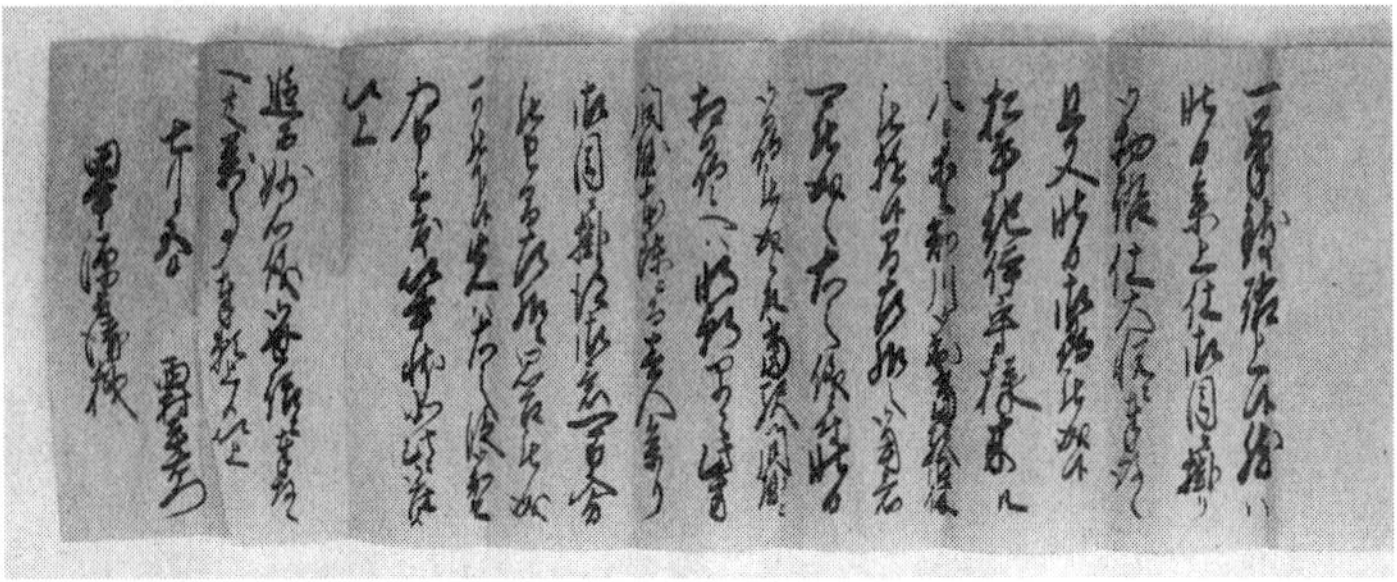

西村平右衛門よりの書状

日亡くなっています。この時は、最後の帰国となる途中で大日池に立寄ったことになります。丹波国亀山と称した松平紀伊守の城下町は、伊勢の国にある亀山と混同するということで、明治になって亀岡と改称しています。ちなみに、伊勢国亀山城主は、朝鮮通信使に対する守山宿での接待役に任じられており、守山との関係の深かった大名でした。

武佐宿に住む西村平右衛門が、七月四日所用で田中家を訪れています。そのとき松平紀伊守が、大日池で妙蓮を観覧する予定をしていることを話して、そのことに関する先触れなどで、武佐宿でわかる詳しい情報について確かめてもらったようです。大名が参勤交代の途中で妙蓮を観覧することは、正式には許されることではないので、田中家に前もってその予定が詳しく連絡されることはなく、その期日も七月八日から十二日までの間という漠然としたもので、その対応に苦慮していたようです。西村平右衛門からは、早速、武佐宿で聞き合わせたことを書いた書状が届けられています。

それによると、亀山城主松平紀伊守様は、六月下旬に江戸を出

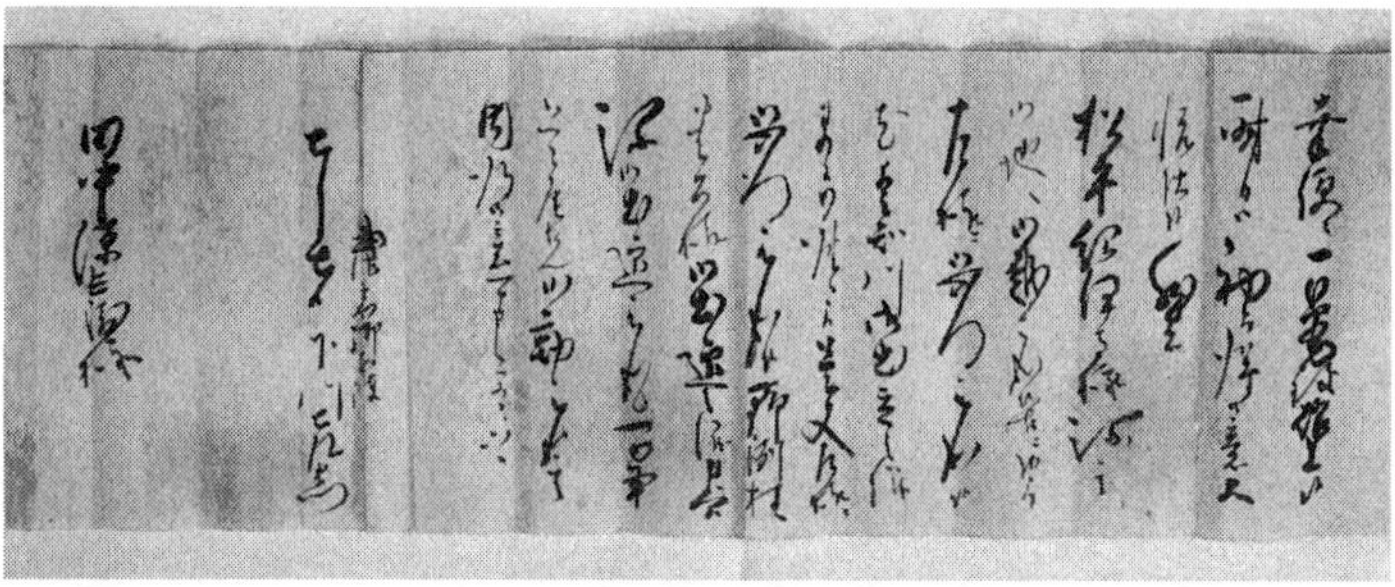

下川七左衛門の書状

発して、中山道を通って七月七日に愛知川宿に泊まり、翌八日には武佐宿で休息されるという先触れがきています。そこで、妙蓮観覧の予定などを問屋に問い合わせたところ、明朝早々に本陣から役人一人が田中家を訪ねて、打ち合わせなどするようになっていることを知らせています。

六月六日、武佐宿本陣から宿場役人下川七左衛門が、田中家を訪れたようです。そこで、野洲から田中村までの道順のことなど、日程の打ち合わせをしています。そして、その翌日には、下川七左衛門から書状が届けられています。それには、いよいよ松平紀伊守様が御地へお越しになられます。愛知川出立は、朝早くになっています。野洲村までお出迎えしていることを申し上げてあるので、すべて滞りなく勤めてくださいと書かれています。

亀山城主松平紀伊守が大日池で妙蓮をお忍びで鑑賞した様子は、その日のうちに、田中家の当主綱義が二通の覚え書きにしています。それによると次のような経過になっています。

六月末に江戸を出発した松平紀伊守は、木曽街道を通って七月七日には愛知川宿に泊まっています。翌八日の明け方七ツ半（午前五時）には、愛知川宿を出発したものと思われます。愛知川宿から武佐宿までは、二里半（一〇km）の距離であるから六ツ半（七時）ころには武佐宿に着いたと思われます。ここで休息をとり、そこから守山まで約三里半（一四km）を歩いて、昼四ツ時（午前十時）大日池に着いています。亀山藩の行列は、享保六年（一七二一）の幕府の御触書きによると、総勢百六十人前後だったと思われますが、この行列が時速五kmの早足で行進したのです。

田中家の当主綱義は、早朝から野洲村まで出迎えています。松平紀伊守は、野洲川を渡った所からは行列を離れて、守山宿本陣の役人の案内で大日池に向かったものと思われます。野洲川の左岸を、野洲堤から小島村の堤を通って川田村の堤に入って大日池に到着しました。松平紀伊守は、ご機嫌よく妙蓮を鑑賞しています。旧暦の七月は今の八月にあたり、妙蓮の開化は最高潮だったと思われます。この年の妙蓮は、八十七本咲いていたことが『蓮之立花覚』に記されています。大日池に咲きほこる珍しい妙蓮の花に感動した紀伊守は、綱義をそば近く召し出して、その一本を所望したいと言っています。そこで、一茎二花の妙蓮を一本差し上げています。ご満悦の紀伊守から金子二歩を頂戴し、大日堂の庵主も金子一歩を頂戴し面目をほどこしています。

この後、紀伊守は守山宿本陣へ九ツ時（昼十二時）に着いて昼食をとっています。この時綱義は、守山本陣に伺ってお礼を言上して、大名が妙蓮を鑑賞するというきわめて珍しい行事が無事終わったことを大喜びしています。

この時綱義が戴いた金子二歩は、一両小判の半額に相当し、一分（歩）判という金貨なら二枚です。別の文書には、この時頂戴したのは、金子二百疋となっています。金子二百疋は金子二分と同じことになります。一疋とは銭十文のことです。したがって、金子二百疋は銭二千文に相当します。当時金子二歩は銀三〇匁に相当し、銅銭二千文と同じ価格であったのです。この金子が、現在のどれくらいの金額に相当するかは簡単に比較することはできませんが、妙蓮一本の謝礼としては大金であったと思われます。この年は豊年で、大坂の相場で米一石が銀四〇匁以下だったようです。「米価安の諸式高」といわれる時代であって、この米の相場だけで現在の金額との比較は難しいのです。

守山を出発した松平紀伊守は、行列を整えて約五里の道程を大津宿に向かっています。済海寺からの連絡では、その日は守山泊りであろうと知らせてきたのですが、実際の日程は大津泊りになっていたのです。愛知川宿から大津宿まで、ほぼ四五㎞の行程を一日で消化するという強行軍だったのです。その途中、お忍びで妙蓮を鑑賞しているのです。妙蓮を見たいという関心が、大名方の間で異常なほど強かったことを証明しています。そして、妙蓮は、近江国守山の大日池にだけ咲いていたという、きわめて珍しい蓮だったのです。

大日池だけで咲いた妙蓮

女院御所に移された妙蓮

妙蓮は、室町時代の応永年間以来、近江国野洲郡中村の大日池だけで咲いていた不思議な蓮です。この珍しい妙蓮を、自分の庭の池に植えようと試みた貴人が何人もいました。しかし、いずれの場合も、妙蓮の移植は成功しなかったという不思議なことがありました。

足利義満が、諸国の名花を取り寄せたとき、近江守護職六角家を経て妙蓮の蓮根が献上されました。しかしながら、移植した蓮根は、普通の蓮である常蓮の花を咲かせたのです。その後、再三にわたって妙蓮の移植を行なったのですが、すべて常蓮化してしまいました。義満は、この花こそ海内一の珍しい花であるとお誉めになって、「此の内へ入り、花の儀は申すに及ばず、落葉をも取り申す間敷きものなり」という「法度《はっと》」が下されたということです。この法度を書いた高札は、明治のころまで大日池の入り口に掲げられていました。

江戸時代の寛永年間（一六二四〜）のことと思われますが、東福門院の御所の池に妙蓮を植えたいという依頼が、芦浦観音寺に伝えられた書状が三通残されています。

芦浦観音寺は、平安後期に建てられ、応永十五年（一四〇八）に中興されたと伝えられる天台宗の寺院です。室町時代から琵琶湖渡船の支配権をもち、湖上交通の統括を任せられていました。織田信長や豊臣秀吉から琵琶湖の船奉行に任じられ、徳川時代になると湖水奉行に任じられ、あわせて野洲郡内の天領の代官も勤めていました。しかし、徳川幕府の政策によって、貞享二年（一六八五）これらの役職を罷免されて、それ以後は宗教上の寺院として明治維新に至っています。現在の草津市芦浦町にある寺院は、堀をめぐらし、石垣と城郭風の門をもつ広い境内には、重要文化財の阿弥陀堂、書院と仮本堂、宝庫などが残され、古い時代の風格をただよわせています。

法度書きの高札

芦浦観音寺の城郭風の門

慶安四年（一六五一）の『近江国知行高辻郷帳』によると、田中村は中村、笠原村、新庄村などの一部と共に天領になっています。したがって、芦浦観音寺が代官として田中村を支配しており、大日池の妙蓮移植のことが、女院御所から依頼されていたのです。
年代は明らかではありませんが、寛永年代の中ごろと思われる二月七日付けの書状があります。今から三百六十年余り前の貴重な文書ですから、その全文を読み下し文にして記載します。

一筆申し入れ候。然らば女院様に従ひ竹生島へ御代参を為す松本主水、明早天に遣はされ候。夫に就き、大津より竹生島迄船一艘御借り有るべく候。将た又、千重の蓮所持申され候由承り候。女院様御池に植え為され候御用に候間、種植え候て能き時分御上げ在るべく候。尚ほ後音の時を期し候。恐惶謹言。

二月七日　大岡美濃守
忠（花押）
野々山丹後守
兼（花押）

芦浦
観音寺

尚々明日船、北野喜左衛門前迄、朝五つ前に必ず必ず参り候様に御申し付け給ふべく候。

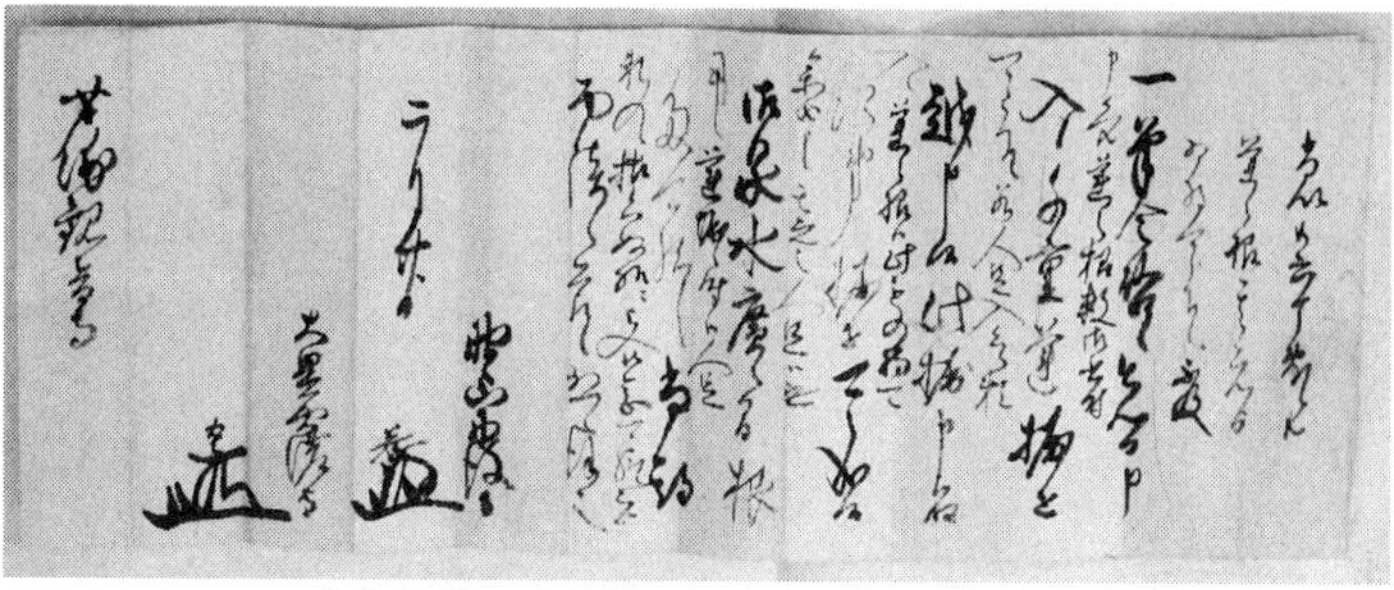

女院御所より芦浦観音寺への２月20日付け書状

東福門院の代参が竹生島に詣でるための船の依頼が主となっている書状ですが、女院御所の池に千重蓮（妙蓮）を植えたいので、良い時期を選んで献上してほしいと書き加えられています。

徳川三代将軍秀忠の末娘和子が、元和六年（一六二〇）後水尾天皇の女御として入内し、寛永元年（一六二四）に皇后となり、中宮と称せられています。そして、寛永六年十一月、後水尾天皇が、和子皇后とのあいだにもうけた七歳の興子内親王に譲位しました。これが、八百五十九年ぶりの女帝である明正天皇です。八世紀初めの女帝、元明天皇と元正天皇から一字ずついただいて明正天皇と称され、寛永二十年十月に二十一歳で退位しています。後水尾天皇退位後、和子は東福門院と号され、延宝六年（一六七八）七十二歳で死亡しています。明正天皇の即位によって、徳川家は天皇の外戚となり、その権威が高められるとともに朝廷に対する影響力が大きかった時代です。

二月二十日付けの書状も、女院御所に仕える大岡美濃守と野々山丹後守の連署で出されております。それによると、千重蓮（妙蓮）の蓮根を掘り起こす者を派遣しています。女院御所の泉水は広いので、この者の言うとおりに蓮根をたくさん掘らせてほしいと言ってきています。本文よりも「追て書き」が多く書かれています。難しいことがあっても観音寺の責任でよろしくと依頼しています。そして、蓮根の数の書付や、掘り起こす人足のことを依頼し、蓮根は御所の者が運ぶので、蓮根が枯れないように念入りな処理を頼んでいます。妙蓮を移植するために、女院御所の役人は万全の配慮をとっています。

三月四日には、妙蓮の蓮根を掘るための役人が、女院御所よりの書状持参で大日池にきています。その書状には、この役人の思うとおりに蓮根を掘らせ、蓮根の運搬はこの者に限ることを念入りに書いています。このように慎重な配慮をして移植している妙蓮が、女院御所の池で開花したという話は残されていません。蓮根の移植に適した時期や方法を選び、徳川幕府の影響力のある女院御所や観音寺代官の権威をもってしても、妙蓮の移植は成功しなかったようです。

江戸や金沢の城中に移された妙蓮

江戸時代の宝暦年間（一七五一〜一七六三）の後半と思われるころ、直海《なおみ》元周が田中家にあてて書いた書状や文書が三通残されています。田中家十六代当主の綱光が、宝暦九年

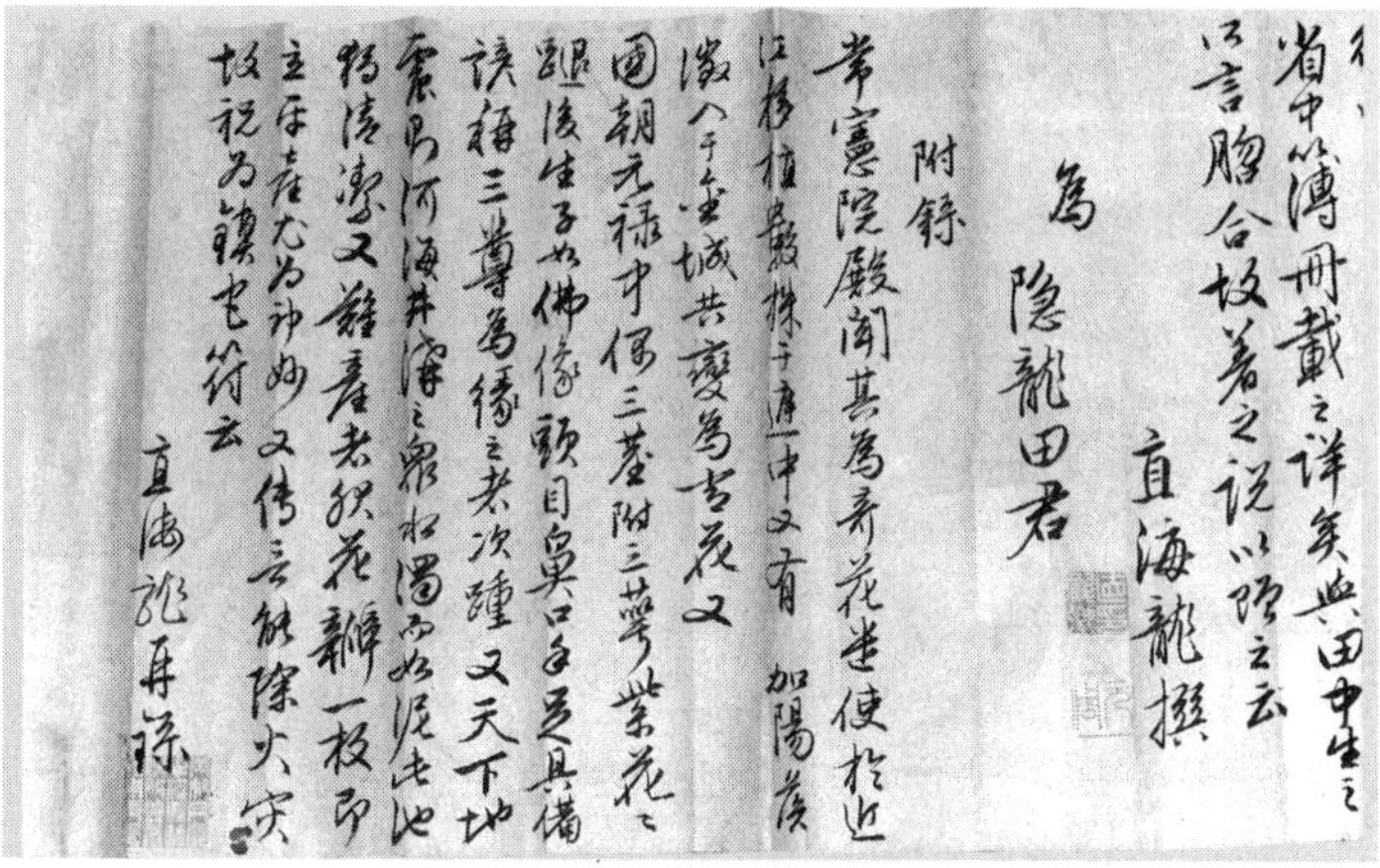

直海元周書『田蓮記』の附録

（一七五九）に八十二歳で死亡する前後のころで、その子綱義が五十歳すぎのことだと思われます。

直海元周とは、越中国砺波郡北野村（富山県城端町）に生まれ、衡斎と号しています。『城端町史』によると、若くして医学を学び、のち本草学を学んで自ら深山に入って薬草や薬木を探しました。そののち京都に出て、本草学の塾を開いています。桜町天皇（一七三五〜一七四七）の信任を得て侍医となり、第四皇女の大病を治したといわれています。貝原益軒の著である『大和本草』の誤りを削除訂正して、『広大和本草』全十巻と別刷二巻を著わし、七一二種の新薬草を明らかにしています。この別刷の中で妙蓮を取り上げ、これを他に移植しても一茎一花の普通の蓮に変わってしまうということが書かれています。

直海元周が、宝暦十三年（一七六三）に書いた、『田蓮記』という漢文書きの巻物になった文書があります。この『田蓮記』には、妙蓮の由緒を書き綴って、「実に海内の仙種なるもの也」としています。そして、享保の時代に霊元天皇の勅で宮中に差し上げられ、中御門天皇もご覧になって、きわめて珍しい花であるとの勅を賜っていると書かれています。その附録として書き加えられている記事の冒頭は次のようになっています。

附録。常憲院殿其の奇花為ることを聞き、使いを近江に遣はし、数株を庭中に移植せしむ。又加陽候金城に徴入す。共に変じて定花と為る。又…直海龍再録（印）

常憲院殿とは、徳川五代将軍綱吉のことです。妙蓮の珍しい花であることを聞いて、使者を派遣して、近江国の大日池から妙蓮の蓮根を数株、江戸城の庭の池に植えさせました。また、加陽候と称される加賀五代藩主前田綱紀も、妙蓮を金沢城内の池に移植しています。しかし、そのどちらの場合も妙蓮の花は咲かないで、常蓮の花が咲いたと書いています。前田綱紀は、元禄のころ『草本鳥獣図考』という、当時の動植物を写生した本などを書き著しており、本草学の知識も深かったといわれる学問好きの藩主です。各地から蓮を集めて、河北潟周辺の湿地に植えて飢饉のときなどに備えたといわれています。このように、植物のことにも知識のあった加賀百万石の太守でも、妙蓮の移植はできなかったのです。

天保十三年（一八四二）に、屋代弘賢が書いた『古今要覧稿』には、野洲郡田中村の蓮を観音蓮と呼び、他の所に移植すると育たないものであると記されています。

明治天皇が天覧になった妙蓮

明治十一年（一八七八）の秋、明治天皇は北陸道および東海道諸県を巡幸されています。八月三十日東京を出て、長野、新潟、富山、金沢、福井を経て、十月十四日に大津に到着されました。大津鎮台営所を見分されたあと、滋賀県庁に行幸されています。ここで、県内各地の名品、物産などをご覧になり、同時に一茎四花の妙蓮の枯れ花をご覧になられています。この妙蓮天覧に関する書状や文書が七通残されていますので、このうちの主なものを記載して、その経過をたどってみます。

最初の書状は、田中家の池にある妙蓮が珍しい花であるから、明治天皇の天覧に供するために、この三日の間に県庁まで差し出すようにという、県庁から川田村戸長にあてた通知書です。これに対し、箱入りにした一茎四花の妙蓮に「蓮花上納書」を添えて、籠手田安定滋賀県令あてに差し出しています。この時の田中家当主は当時四十七歳の連綱でしたが、今市村の親戚である北村清左衛門が代理人になって県庁に持参しています。これに対し、滋賀県庁では、蓮花上納書の末尾に、朱書きの預かり証文を書き加えています。

十月十四日、妙蓮の天覧は無事終わりました。そして、滋賀県の天覧物取扱所から十月

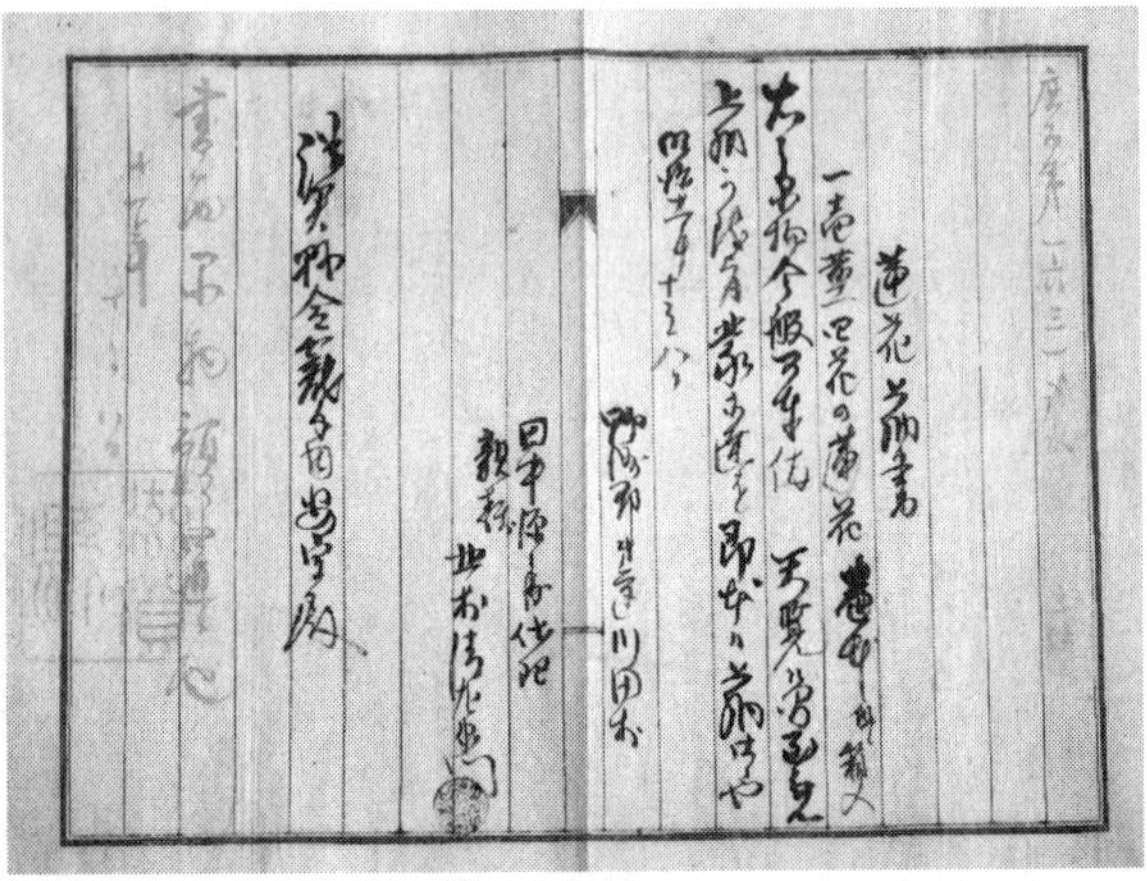

妙蓮上納書

二十二日付けの書面で、妙蓮を返還するから受取人を差し出すようにとの通知書が、田中家に届いています。さらに、その翌日には、妙蓮の運搬費用を申し出るようにという通知が届けられています。それで、田中家では、早速「妙蓮持参出頭旅費県庁往復分金二十五銭」を請求しています。二十八日に北村清左衛門が県庁に出頭して、二十五銭の旅費を受け取るとともに、妙蓮を返還してもらっています。この時の箱に入った枯れ花は、百年余りの間そのまま残されて、現在は「近江妙蓮資料館」に展示されています。この枯れ花は、大日池で一度絶えた妙蓮が、金沢の持妙院の加賀妙蓮と同じものであることを証明する証拠品になっています。

東京の皇居に移される妙蓮

明治十三年の春、明治天皇の天覧にあずかった妙蓮を、東京の皇居の池に移植するようにという書状が、籠手田安定滋賀県令から諏訪安明宛に届けられています。このことにかかわる書状は数通あります。なお、諏訪安明は、この当時野洲郡長であって、滋賀県令の意向は諏訪郡長から田中家に伝えられたようです。守山市赤野井町には、諏訪家の屋敷が守山市文化財に指定されて残っています。江戸時代の諏訪家は、代々大庄屋などを勤めていた由緒ある家柄です。

諏訪郡長は、四月半ばに県庁で、籠手田県令から妙蓮を皇居に移植する内命を受けていたようです。そこで、田中家に妙蓮の植え替え時期などを相談して、四月下旬に大日池の妙蓮の蓮根を試掘しています。ところが、蓮根は見当たらなかったようです。これは、妙蓮が常蓮よりも三十日ばかり発芽が遅いためで、五月二十日過ぎになれば浮葉が出るので、蓮根を掘り起こすことが可能になるが、それでは移植の適期が過ぎてしまうことになると心配していました。妙蓮と常蓮の発芽時期には、それほど大きな違いはないのですが、この当時の大日池は、周囲が竹や木でおおわれていて日陰になり、池の水温が上がらなかったのだと思われます。

このような時に、籠手田県令から五月五日付けの書状が届けられたのです。それには、「過日御出頭のときお願いしておいた田中村双頭蓮のことは、植え替えに好い時節になったので、早々に取りかかってください。時期を失することは甚だ遺憾なことなので、繰り返してのご依頼をしておきます。なお、妙蓮を搬送する途中の保護なども十分に注意してください」とあります。

諏訪郡長は九日が休暇だったので、田中家に出向いて妙蓮の掘り起こしについて相談しています。なお、輸送途中の妙蓮保護のことについては、これまで妙蓮の移植が成功したことがないので、田中連綱自身で東京まで保護して、早急に植えつけをしたいと申し出ています。しかし、これは大津までの付添いでよいとして許可になりませんでした。

五月十六日、妙蓮の蓮根を掘り起こしています。そして、大日池の泥を入れた桶に蓮根を植え込んで、十七日には赤野井港から、船で滋賀県令の官舎に運ぶ手筈になっていました。ところが、妙蓮の移植の時期としては適期を過ぎていることを心配したのか、一年間大日池でそのまま試しに育ててから差し出すようにという急な連絡が入っています。そこで、桶のままで育てるのは難しいので、大津で壺を購入して育てるように計画変更しています。そして、大日池の泥と一緒に桶に入れた蓮根は、今年そのまま差し上げたいが指示をいただきたいと、籠手田県令に相談しています。

籠手田県令始め諏訪郡長など、多くの人々の慎重な配慮のもと移植された妙蓮は、東京の皇居の池でその花を咲かせたという記録は残されていません。妙蓮の「移植常蓮化説」という伝承は、明治の世になってもそのまま現実のこととなっていました。妙蓮という蓮の不思議さは、六百年の歴史とともにこのように神秘な存在だったのです。

諏訪屋敷

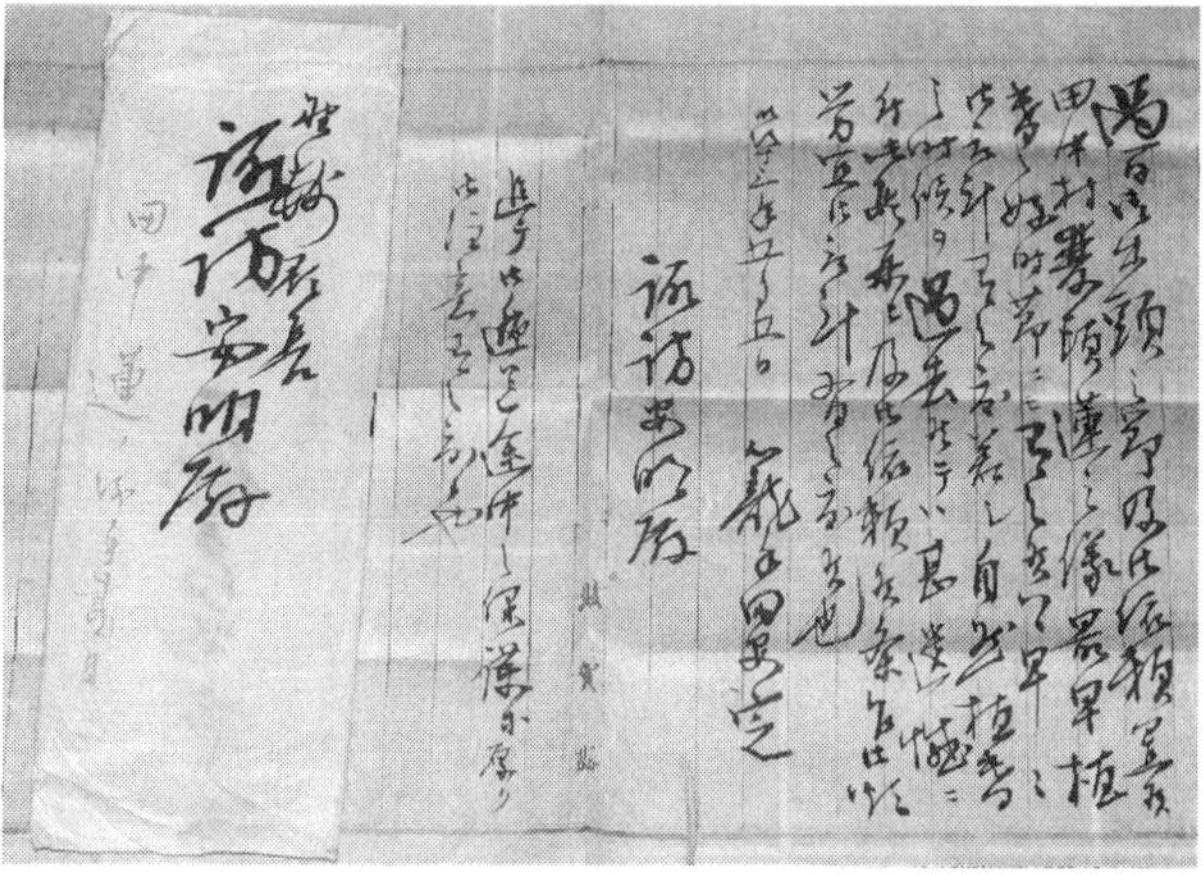

籠手田県令から諏訪郡長への書状（諏訪家蔵）

加賀妙蓮のはなし

持妙院と加賀妙蓮

妙蓮は、金沢市神宮寺三丁目にある真言宗高野山派持妙院の池にも咲いています。この妙蓮は、石川県の天然記念物に指定されており、大賀一郎博士によって「加賀妙蓮」と名付けられたものです。加賀妙蓮は、もともと国鉄金沢駅前の木ノ新保六番丁五四番地にあった持妙院の池で生育していました。大正十二年（一九二三）三月七日に国の天然記念物に指定され、毎年夏には観蓮会が開かれて多くの人々の目を楽しませていました。ところで、加賀妙蓮はいつごろから金沢の持妙院の池にあったのでしょうか。そのことについての正確な記録が残されていないので、いろいろな傍証を取りあげてその年代を推定します。

蓮寺と言われる持妙院の由緒についても、確かなことはほとんど明らかでありません。その理由の一つとして、持妙院には明治初年以前の記録や文書類が何も残されていないことです。寺の由緒はもちろんのこと、妙蓮の由来について証拠となる古文書類が何一つ存在しないのです。『稿本金沢市史・社寺編』（一九二三）の持妙院の項に、和田文次郎談として「持妙院の蓮の沿革」という一文が載せられています。それによると「明治二年神仏分離のとき、白髭明神縁起その他持妙院の将来に不利益と思われる書類一切をないものにした。またある年の深夜の暴風雨で堂宇は破損し、書類は過去帳はじめことごとくぬれてしまって再び用をなさなかった」となっています。ことの真偽は別として、田中家には妙蓮に関る古文書が多数残されているのに対して、持妙院には加賀妙蓮の歴史を確かめる証拠となる明治以前の文書は保存されていないのです。

白鬚神社の本殿

木ノ新保にあった持妙院

　宝暦三年（一七五三）の『木ノ新保白鬚社略縁起』によると、人皇七十三代堀川天皇の永長年中に、白鬚神社、別当持妙院が創建されたという伝承があります。また、年代は不詳ですが、石川郡安江郷の鎮守として、安江村の村地の五十間四方の社地に不動明王の木像を本地仏として創建されたということです。その後、衰微していたものを、万治二年（一六五九）、木ノ新保に津田勘兵衛上地の内三百六十歩の土地を賜り、移転したということです。この白鬚社略縁起の中には、妙蓮のことは全く記されていませんから、宝暦のころには持妙院に妙蓮は存在しなかったと確認できます。文政年間（一八一八〜二九）に出た『加越能地理志稿』という加賀藩公撰の地誌のなかに持妙院の項がありますが、これにも妙蓮のことは記されていません。文政年間にも、持妙院に妙蓮がなかったことがほぼ確実になります。

宝暦年代のころ、加賀五代藩主前田綱紀が、近江から妙蓮を金沢城に移植しようとしましたが、常蓮化したことは前に述べたとおりです。もし、この当時加賀藩の領内に妙蓮が存在すれば、近江の大日池から妙蓮を移植する必要はなかったのです。それどころか、綱紀は加賀領内の妙蓮を徳川綱吉に献上するなど、珍しい蓮のことを著書に書き残していたに違いありません。また、直海元周はじめ北越の学者、文人が、多く大日池を訪れたとき、加賀にも妙蓮があればそのことを書き残していたはずです。このような記録がないことは、幕末近くまで、持妙院はもちろん、加賀藩領内のどこにも妙蓮はなかったと断定することができます。妙蓮は、江戸時代を通じて近江国野洲郡中村の大日池にしか生育していなかったのです。

弘化四年（一八四七）五月に死亡した柴野美啓の著作である『亀の尾の記』に、「白鬚大明神、別当持妙院、当社来歴詳かならず、旧記紛失すと云う、一茎二台の蓮華あり、又竹布の天満宮の画像あり、この画像は天保年中檀家沢田義門より納む」とあります。これが、持妙院の蓮池に妙蓮が存在したのではないかと思われる、最も古い記録になると言われています。しかし、「一茎二台の蓮華」というのは、それを妙蓮のことと断定することはできません。二華でなく二台とされていることや、一度きりの記載であることなどから、一時変異によって生じた花托の二個ある双頭蓮のことだと思われます。また、妙蓮であるとすれば、由緒ある珍しい蓮のことなので、それを書き残している文書類が他に幾つも見つかるはずです。さらに、幕藩時代には、室町将軍から下されたという、「門外不出」の高札を立てている大日池の妙蓮を他領に移植することは、それが大名であっても簡単に出来ることではなかったのです。そうすると、明治維新後のある時期に、大日池の妙蓮が持妙院の池に移植された可能性が高いことになります。

近江から加賀へ移った妙蓮

明治維新は、それまでの世の中の様相を一新しています。そこで、神仏分離令にしたがい、明治二年（一八六九）白鬚神社と持妙院は社地と寺地との境界を定めて分離しました。それまで「白鬚の蓮」とも、「持妙院の蓮」とも呼ばれていた蓮池は、持妙院の境内に含

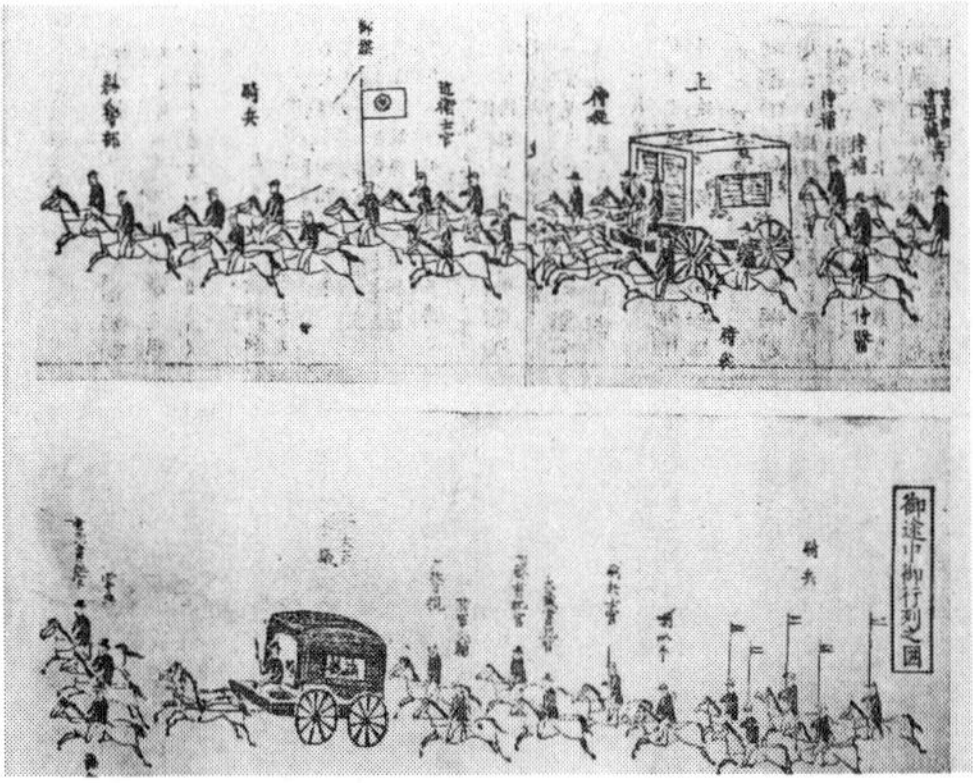
明治天皇御行列の図（写し）

まれるようになったということです。そして、神社ではこの池に接して小池を掘り、持妙院の池から妙蓮を移植したが常蓮化したという話が、『白鬚神社取調明細書』（一八九五）にあります。しかし、明治初年のころに、持妙院の池に妙蓮が生育していたということの確認はなされていません。

明治八年には、白鬚神社の氏子と持妙院の間で、旧本尊本地仏不動明王立像の所有権問題が起こり、本尊仏は県庁に引き揚げられて保管の後、他の文書類と一緒に焼却されたと『金沢古蹟志』などに記されています。

明治十一年、明治天皇の北陸巡幸が行なわれています。十月二日、金沢に到着した天皇一行は、南町（現尾山町）の薬種商中屋彦十郎宅を行在所として、十月四日まで滞在しています。この時、金沢勧業博物館で富山、石川、福井各県の天産人造品を閲覧しています。加越能史談会発行の『明治天皇北陸巡幸誌』には、その時御通覧になった品々の一覧が記載されています。この中に、「白山、立山其他各地の異草珍花」が天覧に供されていますが、妙蓮が展示されていたという記録はありません。この当時、持妙院に妙蓮があれば、必ず天覧に供されていたはず

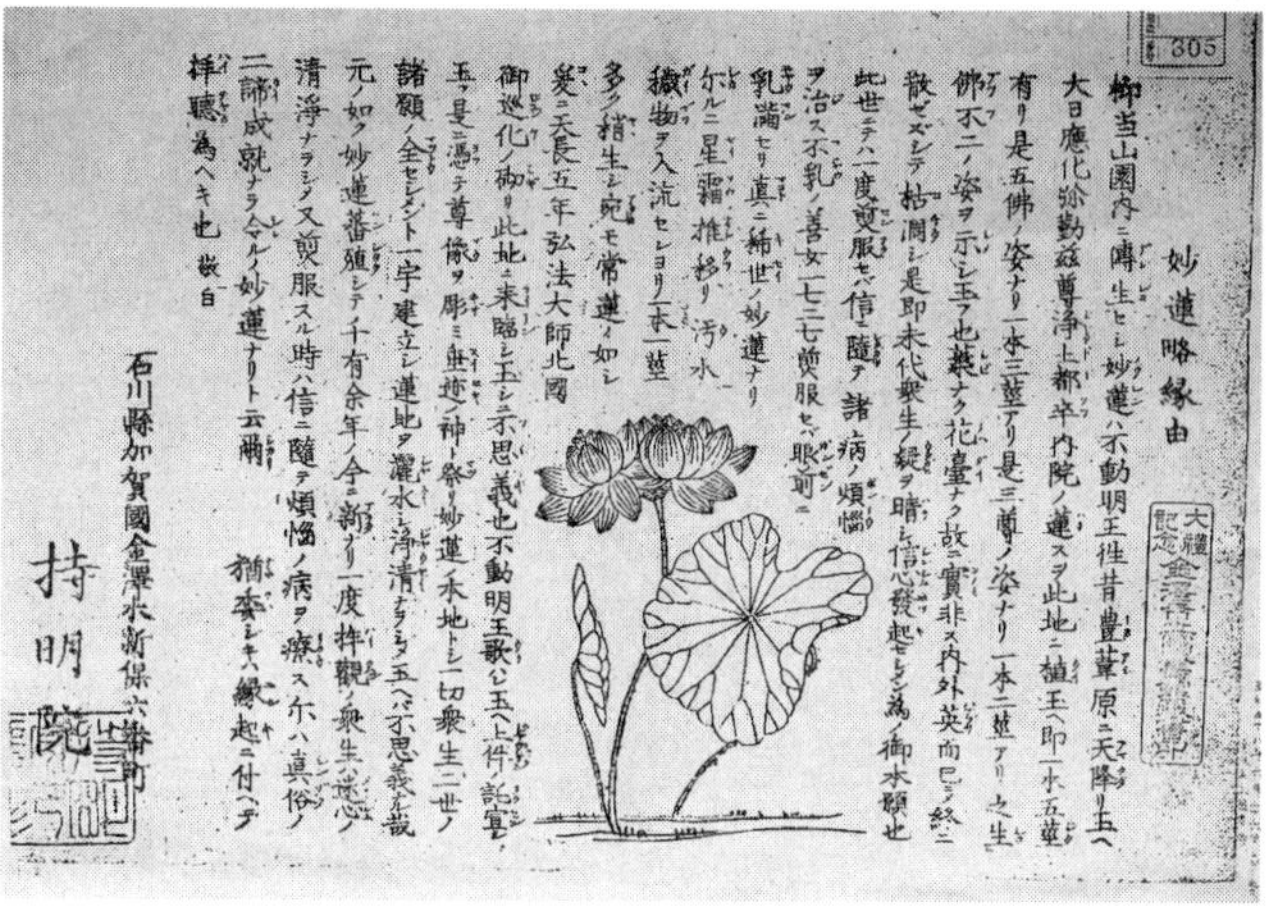
妙蓮略縁由
抑当山園内ニ噂生セシ妙蓮ハ不動明王往昔豊葦原ニ天降リ玉ヘ
大日應化弥勒慈尊浄土都卒内院ノ蓮スヲ此地ニ植玉ヘ即一水五茎
有リ是五佛ノ姿ナリ一本三茎アリ是三尊ノ姿ナリ一本二茎アリ之生
佛不二ノ姿ヲ示シ玉フ也蕋ナク花臺ナク故ニ實非ス内外英而已ニシテ終ニ
散ゼズシテ枯凋ス是即末代衆生ノ疑ヲ晴シ信心發起セシメン爲ノ御本願也
此世ニテハ一度覚服セバ信ニ随テ諸病ノ煩悩
ヲ治ス不乳ノ善女一七三七覚服セバ眼前ニ
乳満セリ真ニ稀世ノ妙蓮ナリ
尓ルニ星霜推移リ汚水
織物ヲ入流セシヨリ一本一茎
多ク稍生シ宛モ常蓮ノ如シ
爰ニ天長五年弘法大師北國
御巡化ノ砌リ此地ニ来臨シ玉シ不思義也不動明王歌ヒ玉ヘ上件ノ詔宣
玉フ是ニ憑テ尊像ヲ彫ミ垂迹ノ神ト祭リ妙蓮ノ本地トシ一切衆生ニ世ノ
諸願ノ全セシメント一宇建立シ蓮池ヲ灑水シ浄清ナラシメ玉ヘバ不思義ナル哉
元ノ如ク妙蓮蕃殖シテ千有余年ノ今ニ新ナリ一度拝観ノ衆生ハ迷心ノ
清浄ナラシメ又覚服スル時ハ信ニ随テ煩悩ノ病ヲ療ス尓ハ真俗ノ
二諦成就ナラ令ルノ妙蓮ナリト云爾
猶参ニキハ縁起ニ付ヘテ
拝聴為ヘキ也　敬白
石川縣加賀國金澤水新保六番町
持明院

持妙院の妙蓮略縁由（金沢市立図書館蔵）

です。これに続く巡幸地である大津では、十月十四日に滋賀県庁で、大日池の妙蓮が天覧に供されたことは先に述べたとおりです。この北陸巡幸の目的のひとつには、大久保利通の暗殺に関わって、旧加賀藩士族にたいする威圧があったとされています。このような時、古今東西の珍花とされ、瑞祥である妙蓮を天覧から除外することは出来なかったはずです。明治十一年には、まだ持妙院の池に妙蓮はなかったのです。

「妙蓮略縁由」と題する、持妙院で発行した妙蓮縁起書が、金沢市立図書館に保存されています。これには、「抑当山園内ニ伝世セシ妙蓮ハ……」と書き出し、加賀妙蓮の由来を印刷しています。妙蓮という呼び名を使っていることは、この縁起書が明治以降の新しいものであることを示しています。そして、この縁起書の概略は、「その昔不動明王により植えられた妙蓮が、汚水の流入したため常蓮に変わった。

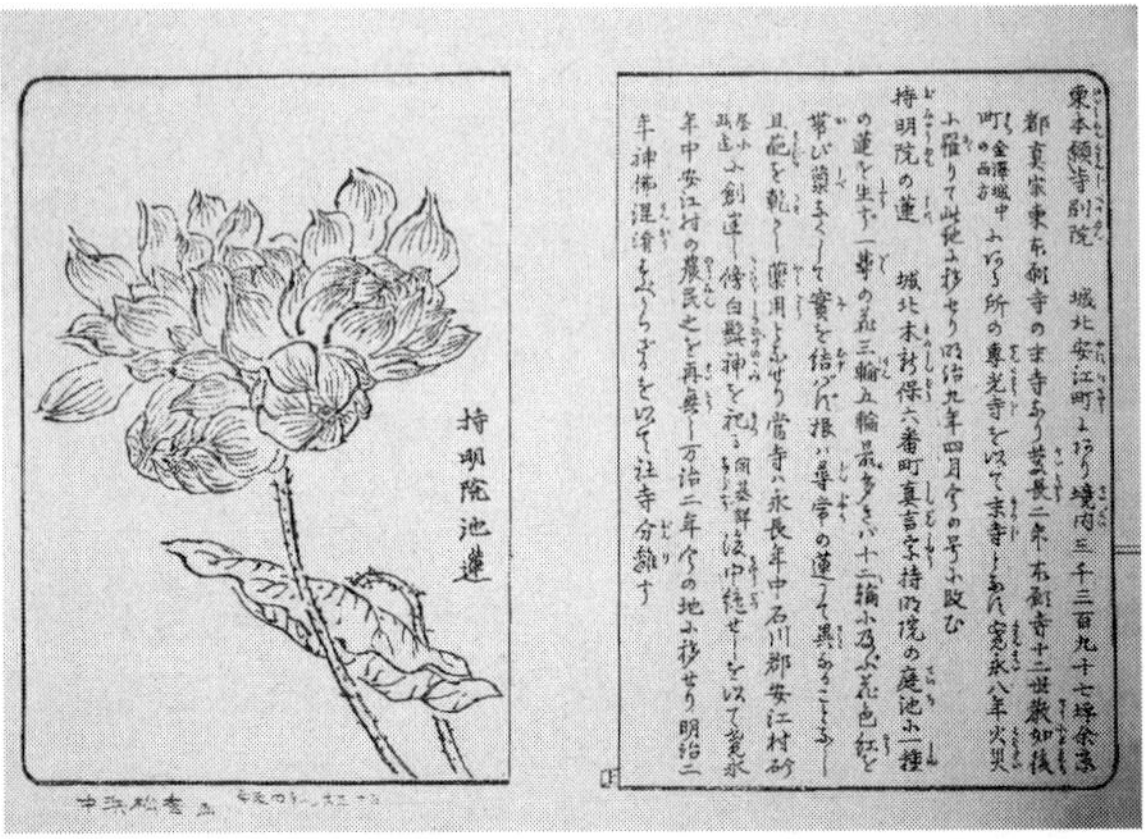
東本願寺別院　城北安江町にあり境内三千三百九十七坪余
都真宗東本願寺の末寺なり慶長二年本願寺十二世教如
町に金沢城中にありし所の専光寺を以て末寺となし寛永八年火災
に罹りて此地に移せり明治九年四月今の号に改む
持明院の蓮　城北木新保六番町真言宗持明院の庭池に一種
の蓮を生ず一茎の花三輪五輪最多きは十二輪に及ぶ花色紅を
帯び葉またしかり実を結べば根は尋常の蓮にして異なることなし
且花を乾かし薬用に供せり当寺は永長年中石川郡安江村に
創建し傍白鬚神を祀る開基詳ならず後中絶せしを以て寛永
年中安江村の農民之を再興し万治二年今の地に移せり明治二
年神仏混淆をゆるさゞるを以て社寺分離す

加賀国金沢区地誌の記事（藤村進提供）

天長二年（八二五）に弘法大師が北陸巡遊の砌、この地に来て、元の如く妙蓮を繁殖させてから千有余年の今に新なり……」として、一茎二花の妙蓮の挿絵も書かれています。明治天皇の金沢行幸の際、このような縁起書とともに妙蓮が持妙院の池にあれば、かならず天覧に供されていたはずです。この縁起書は、明治十二年以降に作られたものに違いありません。

金沢の和田文次郎著『郷史談叢拾遺第二』によると、明治十一年に、持妙院は富山県高岡市二上射水神社、旧養老寺の別当、真言宗談義所金光院の木造不動明王立像二体のうちの一体を譲り受けています。先に県庁へ引きあげられた不動明王に代わる本尊仏が祀られたのです。また、このころ持妙院の境内地籍、木ノ新保五五番地の墓地を整理して、小さな池を新しく作っているのが白鬚神社所蔵の古図面写しから明らかになっています。

明治十四年一月に編さん上呈されたとされる『皇国地誌、加賀国金沢区地誌』にある持妙院の項には、「境内に一種の蓮あり、一萼に三輪五輪最も多きものは十二輪に及ぶ。蕊なくして実を結ばず、根は尋常の蓮に異なるなし、且つ瓣を乾し薬用とせり」と記載されています。この当時、妙蓮という名称は一般に通用していなかったので、特別なハスの意味で、「一種の蓮」の語を用いているようです。しかし、その記事の内容は、妙蓮の正確な説明になっています。石川郷土史学会の藤村進さんは、これが明治以降の妙蓮に関する最初の文献であると指摘しています。

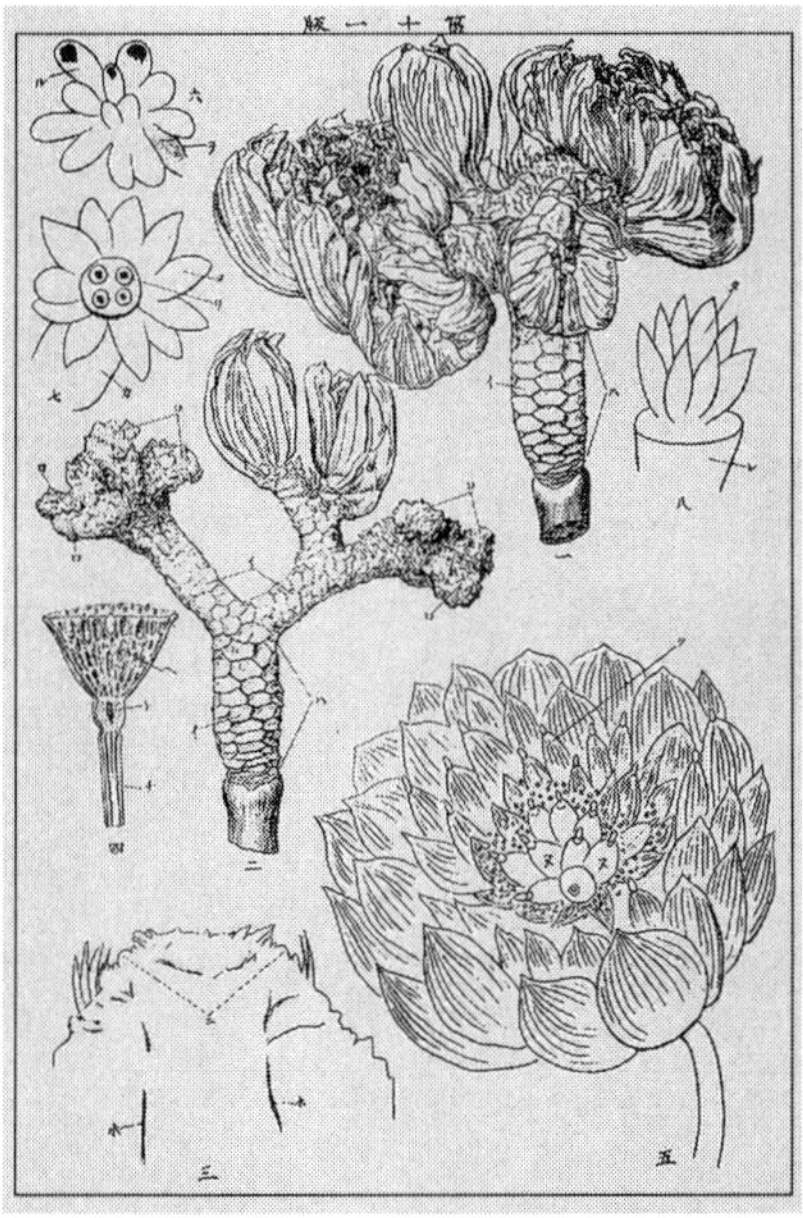

藤井博士が発表した持妙院の奇形蓮花の図

一連の経過から推定しますと、明治十一年に持妙院の本尊仏不動明王立像が安置され、境内に新しく小池を作った後、守山の大日池から妙蓮を移植したのではないかと思われます。そうすると、妙蓮が移植されたのは、明治十二年の春から初夏にかけてのころと考えられます。大賀一郎博士によると、この当時の田中家当主は各所に妙蓮を譲り渡していたとされています。大日池から移植した妙蓮は、すべて常蓮化していたのに、持妙院では妙蓮の花を咲かせたのです。不思議な因縁と言うべき出来事だったのです。しかし、この奇遇ともいえる因縁によって、近江妙蓮が一時絶えた六十九年後に、その妙蓮を大日池に復活させることになったのです。

金沢出身の東京帝大植物学教授藤井健次郎博士が、明治二十五年、『東京植物学誌』の六八号、六九号、七〇号に『奇形蓮花』と題して、妙蓮の形態を学術的に詳しく発表してから加賀妙蓮のことは学会にも広がりました。そして、大正十二年三月七日、内務省が「持妙院妙蓮池」を国の天然記念物に指定しました。さらに、『内務省天然記念物調査報告三五号』(一九二四)に、三好学博士による『持妙院の妙蓮』が記載されてから、「妙蓮」という名称とともに、持妙院の不思議な蓮のことが定着しました。

福野町の安居寺

加賀妙蓮の移動

明治三十四年のこと、持妙院の妙蓮が、富山県福野町安居の真言宗安居寺《あんごじ》の池に移植されています。そして、昭和二年(一九二七)には、富山県の天然記念物に指定されています。大賀博士によって「越中妙蓮」と名付けられた安居寺の妙蓮は、常蓮が混生していることや、手入れが行き届かなかったことで、やがて絶滅しています。昭和二十二年に再び持妙院から加賀妙蓮を移植していますが、これも昭和三十二年ごろにはほとんど絶滅して、今は妙蓮池の跡が草地になって残っています。

大賀博士は、昭和二十七年のころから数回に渡って越中妙蓮を研究のため、自宅の庭に移植しましが、妙蓮の花は咲かないで常蓮化したということです。そこで、安居寺から移植して常蓮化した蓮根を、翌年の春もとの安居寺の池にかえしてどのような花が咲くかを試験したところ、常蓮の花が咲いたということです。このようなことから、大賀博士は妙蓮の常蓮化の事実が本当だとすれば、これは突然変異で生じた妙蓮の先祖帰りであろうと考えたのです。

府中市健康センター・修景池の蓮

昭和三十三年、金沢駅前拡張整備計画のため、持妙院の池を後方に移転することになりました。この時の妙蓮移植にあたっては、大賀博士の指導のもと、金沢市の土木部長、都市計画課長らの立合のもとで行なわれました。そして関係者の同意のもとで、この妙蓮の蓮根五本を研究のため府中市中央公園のひょうたん池に移植したのです。この蓮根が、その年咲かせた花は枯れましたが、翌三十四年の初夏になるとたくさんの妙蓮の花を咲かせたのです。このようにして大賀博士は、妙蓮の移植に成功して、妙蓮の移植常蓮化説が完全に否定されることになったのです。府中市中央公園の池に生育した妙蓮を、大賀博士は武蔵野妙蓮と称しています。

神宮寺町に移転した持妙院

昭和四十一年の夏は、汚水が流入することや、排気ガスなどの影響を受けたことから、持妙院の池では七個の妙蓮の花が咲くだけとなりました。そこで、妙蓮の一部を沖町の蓮田に移植して保護増殖を行なっています。昭和四十六年には、持妙院が金沢駅前から神宮寺町三丁目に新築移転しています。その境内に約四三㎡の新しい池を掘って、旧持妙院の池と、沖町の蓮田から妙蓮を移植しています。この後、旧持妙院の妙蓮池は埋め立てられ、国の天然記念物生育地指定は、昭和四十七年七月十一日付けで解除になりました。新しい神宮寺町の持妙院の妙蓮池は、昭和六十三年一月八日に石川県の天然記念物に指定されています。

それでは、なぜ妙蓮を移植した時に常蓮が咲いたのでしょう。このことについては、次のようなことが推測されます。田中家に残された古文書の内容などから、江戸時代の大日池では妙蓮と常蓮が混生していたことが確認できます。妙蓮の蓮根と常蓮の蓮根は、ほとんど区別がつけられないので、移植したのは常蓮の蓮根であったことが考えられます。大賀博士が、安居寺から移植した蓮根が常蓮化したのは、妙蓮と常蓮の混生の池から、常蓮の蓮根が移植されたからです。また、妙蓮に比べると、常蓮の蓮根は見た目にいくらか太く立派に生長しているのが普通です。掘り起こした蓮根の内、立派な蓮根を移植したとすれば、それは常蓮の花を咲かせたのです。あるいは、常蓮の蓮根が、何らかの理由で妙蓮の蓮根と間違えられて移植されたこともあったと思います。また、妙蓮と常蓮の蓮根が混じって移植された場合、常蓮はその年に花を咲かせますが、妙蓮は二〜三年後に花を咲かせるのが普通です。その間に、常蓮に比べると弱い妙蓮は消滅したことも考えられます。突然変異で生じた妙蓮は、常蓮に比べると環境にたいする適応性がより少ない植物なのです。

神宮寺町持妙院の妙蓮池

近江妙蓮の里帰り

咲かなくなった近江妙蓮

室町時代の応永年間（一四〇〇年ころ）から咲き続けていた妙蓮が、明治二十八年を境にして大日池で咲かなくなりました。大賀一郎博士が、『近江妙蓮から近江妙蓮へ』に記載しているように、明治二十八年京都岡崎で開かれた十四回内国勧業博覧会に大日池の妙蓮を出品したのが最後となっているようです。この時、五百年近く咲き続けていた妙蓮が、どのような原因で咲かなくなったのかについては、次のようなことが考えられます。

田中家に残された『蓮之立花覚』の明和四年（一七六七）の記事には、「此年五月節二十日目に壱本立。但し五月二十九日花成、蓮肉乗。又六月五日壱本立、上花成。又後壱本、蓮肉乗。以上三本蓮肉乗、上花六拾五本立」とあります。蓮肉乗とは、花托が付いている常蓮のことです。この年は、妙蓮が六十五本に、常蓮が三本咲いていたようです。また、『蓮立花覚日記』の寛政十三年（一八〇一）の記事には、「享和元年六月ミノリ立。此六七年以前より蓮ミノリ相立。当年よりミノリ花ミナミナ引取始る也」とあります。ミノリ花は常蓮のことで、このころには常蓮と妙蓮が確実に入り混じって咲いていたことがわかります。常蓮が咲くと、それを取り除くという作業をすることで、妙蓮を保護していたと思われます。それが、明治維新後の急激な世相の変化の中で、妙蓮の手入れが行き届かなくなったと思われます。また、大日池の周りにある藪地の樹木や竹が茂りすぎて、日差しが少なくなったことも考えられます。それに追い打ちをかけたのが、明治二十九年の大洪水であったと思います。野洲川が氾濫して、小島村の善岸堤が延長百間（約一八〇m）決壊して大日池にもその影響があったと思われます。この時は、琵琶湖の水位が観測史上最大である三m七六cmに達するという大雨の続いた年です。天候異変と大洪水は、衰えをみせ始めていた妙蓮を完全に滅亡させたのでしょう。

妙蓮の花は咲かなくなりましたが、長年にわたる妙蓮の貴重な遺跡は残されていました。三好学博士は、大正十年（一九二一）の『内務省史蹟名勝天然記念物調査報告』三二号に、『霊池ノ蓮』と題して、消滅した近江妙蓮のことを多頭蓮という奇態花として報告しています。「霊池の多頭蓮（妙蓮）という奇態花の出現は、年々起きることあるも、多き場合は数年、数十年又は百年を隔てたるが如し、……この永き年月の間奇態の出現は不明といわざるべからず、加えて一カ年に出現せる多頭蓮の個数はわずかに一本ないし数本に過ぎず……」と書いています。さらに、「多頭花が古来比較的稀に出現せるの事実を知るべし、

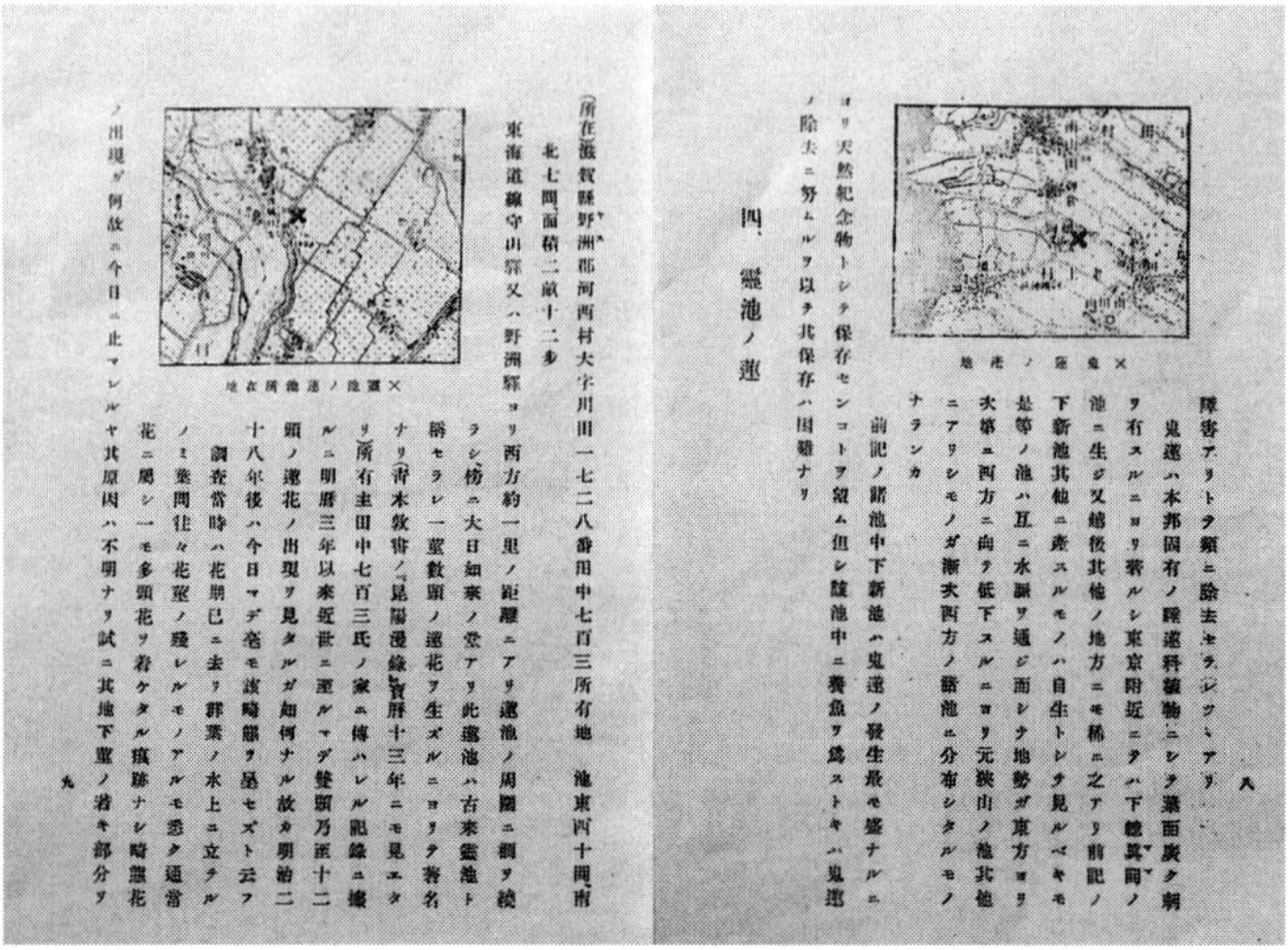

八

障害アリトテ類ニ除去セラレツヽアリ

鬼蓮ハ本邦固有ノ睡蓮科植物ニシテ葉面廣ク刺ヲ有スルニヨリ著ルシ東京附近ニテハ下總眞間ノ池ニ生ジ又越後其他ノ地方ニモ稀ニ之アリ前記ノ下新池其他ニ産スルモノハ自生トシテ見ルベキモ是等ノ池ハ互ニ水脈ヲ通ジ而シテ地勢ガ東方ヨリ次第ニ西方ニ向テ低下スルニヨリ元狹山ノ池其他ニアリシモノガ漸次西方ノ諸池ニ分布シタルモノナランカ

×鬼蓮ノ產地

前記ノ諸池中下新池ハ鬼蓮ノ發生最モ盛ナルニヨリ天然紀念物トシテ保存センコトヲ望ム但シ該池中ニ養魚ヲ爲ストキハ鬼蓮ノ除去ニ努ムルヲ以テ其保存ハ困難ナリ

四、靈池ノ蓮

（所在）滋賀縣野洲《ヤス》郡河西村大字川田一七二八番田中七百三所有地　池東西十間、南北七間、面積二畝十二歩

東海道線守山驛又ハ野洲驛ヨリ西方約一里ノ距離ニアリ蓮池ノ周圍ニ網ヲ繞ラシ傍ニ大日如來ノ堂アリ此蓮池ハ古來靈池ト稱セラレ一莖數頭ノ蓮花ヲ生ズルニヨリテ著名ナリ（青木敦書ノ「昆陽漫錄」寶曆十三年ニモ見エタリ所有主田中七百三氏ノ家ニ傳ハレル記錄ニ據ルニ明曆三年以來近世ニ至ルマデ雙頭乃至十二頭ノ蓮花ノ出現ヲ見タルガ如何ナル故カ明治二十八年後ハ今日マデ毫モ該畸形ヲ呈セズト云フ

×靈池ノ蓮池所在地

調査當時ハ花期已ニ去リ葉ノ水上ニ立テルノミ葉間往々花莖ノ殘レルモノアルモ悉ク通常花ニ關シ一モ多頭花ヲ着ケタル痕跡ナシ畸形花ノ出現ガ何故ニ今日ニ止マレルヤ其原因ハ不明ナリ試ニ其地下莖ノ若キ部分ヲ

九

『霊池ノ蓮』の記事

……是れ此の蓮における奇態の素因の強大ならずして該特徴の固定せざる為なり」として、妙蓮を一時変異で生じたもののように考えています。そして、「……要するに、霊池の多頭蓮は現に潜伏期に在るものと見るべきを以て他日の考証のため、天然記念物として保存するを要す……」と記しています。三好博士の、多頭蓮は潜伏期にあるとする説は、大賀博士の指摘にもあるとおり、また進歩している現在の遺伝学から考察しても誤りです。しかしながら、加賀妙蓮が、国の天然記念物に指定される以前に近江妙蓮のことを取り上げ、それが天然記念物として保存される価値のあることを説明していることは、近江妙蓮の復活に向けて大きな力となっていたのです。

大正十五年三月、「大日堂並蓮池保勝会」趣意書が、田中家当主の七百三さんと大日堂住職の大友隆道さんの連名で出されています。そして、「双頭蓮の再生を計るため……」に川西村村長を会長、各大字の区長を幹事とする「保勝会」が、多数の村人たちの賛同を得て発足しています。近江妙蓮の復活を望む人々は多かったのです。

大賀一郎博士と妙蓮

昭和二十九年（一九五四）八月、大日池の掃除が、「保勝会」の関係者によって行なわれています。この時、参加者の間で、妙蓮の一日も早い復活のことが話し合われたということです。「保勝会」の田中常尚さんが、昭和三十年十二月、『農耕と園芸』誌上に瑞蓮という蓮の記事があることを見つけて、金沢の持妙院に妙蓮のあることを知りました。早速、田中家の当主米三さんや、その母親の小枝さんなどと相談して、妙蓮の再現の計画をたてました。昭和三十一年一月二十二日には、朝日新聞紙上に大賀博士の蓮研究のことが掲載されているのを見つけました。そこで、明治以来残されていた妙蓮の枯れ花の写真を添えて、大賀博士に妙蓮再生への研究を依頼しました。これに対して、二月八日に大賀博士から応諾の返書が届き、四月二十一日には大賀博士が田中家を訪問して、近江妙蓮復活への具体的な動きが始まったのです。

この時の様子を、大賀博士は次のように書き残しています。

「田中家三十七代当主米三君とその母君なる小杖さんとは、古い近江妙蓮の枯れ花二個と祖先伝来の古い二個の箱入の古文書を前に置き、両手をついて私にいわれた。『この家の遠祖以来伝わっていたこの蓮が、私共の時代になって絶えた事は、私達の罪障浅からぬためと思い、日夜心を痛めています。どうぞ助けてください』と」。

田中家の当主である米三さんは、この時高校生でした。父親の七百三さんは、河西村の村会議員をされていましたが、昭和二十六年十二月二十二日議会終了後急逝されたのです。行年五十四歳という若さであって、それ以来田中家の経営は、婦人の小杖さんの双肩にかかっていたのです。なお、七百三さんの長男、すなわち米三さんの長兄である源兵衛さんは、過ぐる太平洋戦争に応召してフイリピンに派遣され、昭和十九年十月二十三日フイリピンのレイテ島において戦死しておられます。したがって、高校卒業前の米三さんが、母親の小杖さんを助けて近江妙蓮の復活に取り組むことになったのです。

「……妙蓮のことについては極力お力になりましょう。あなた方をはじめ田中さんの奥さんの心からなるあの希望を達しさせてあげます積りです。貴重な書類も追々拝見出来ますよしありがとう存じます……」。大賀博士から田中常尚さんに来たハガキの文面の一部です。大賀博士との折衝は、親戚の田中常尚さんが中心になって行なわれています。大賀博士から田中常尚さんあてに送られてきた書状が、二十三通残されています。また、昭和四十年ごろに書いたと思われる常尚さんのメモ書きがあります。これらの資料を元にして、大日池に近江妙蓮が里帰りするまでの経過をたどってみます。

昭和三十三年三月二十八日、大賀博士は越中妙蓮五本を大日池に隣接する水田に移植しています。この蓮根は、富山県福野の安居寺から取り寄せたものをそのまま守山に送ったということです。大賀博士は、越中妙蓮を府中市の自宅に移植したが常蓮化したため、続けて福野から取り寄せて調べていたのですが、たまたま届けられた福野からの蓮根をそのまま守山に送ったのです。この蓮根からは、七月になると花が上がりましたが、常蓮でした。

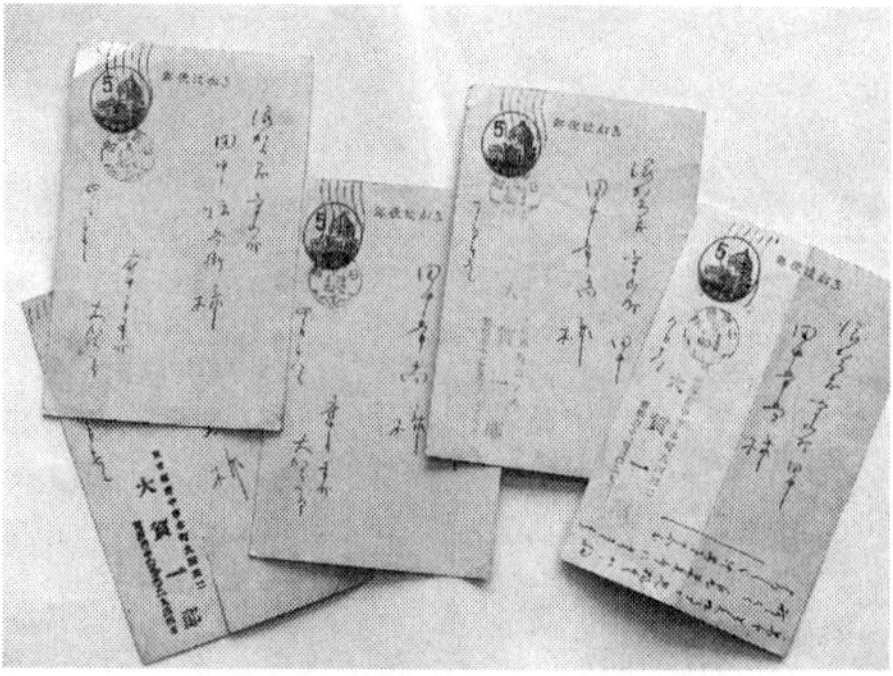

大賀博士から届いたはがきの数々

昭和三十三年四月十五日から、金沢駅前の拡張工事のため持妙院では妙蓮の移植が始まっています。この時、大賀博士は持妙院主吉山宥海師などの厚意で、妙蓮の蓮根五本を研究のため府中市中央公園のひょうたん池に移植しています。この年の夏には、蕾が一つだけ上がったのですが、天候不順のため三cmばかりの大きさで枯れてしまいました。この蕾を解剖してみると、花托の形は全く見られず妙蓮の花と推定できました。翌三十四年には、蓮の葉が池一面に広がり、百個以上の花が咲き、それはすべて妙蓮の花でした。

「武蔵野妙蓮は立派に咲きました。来年か来来年にはお送り出来ましょう。……近江田中村もこれから世に出ましょう。御同慶に堪えません。池をキレイに掃除して、今日までのものを全部掘り上げて下さい。それでないと無駄です。来年生えぬことを見極めてから移植したく、自然来来年になりましょう。よろしく御計画下され度」これは、昭和三十四年八月十八日付けの大賀博士のハガキの文面です。妙蓮の移植に成功した喜びと、大日池に妙蓮が復活する日の近いことを報らせています。さらに、大日池をすっかり浚渫して移植の準備にかかることも伝えています。来年の夏、大日池に常蓮が完全になくなったことを確認すれば、翌々年には移植できるだろうと慎重な対応を伝えています。

昭和三十五年の二月には、妙蓮の移植に関わる諸費用が多く必要なことを心配している内容の書状がきています。『近江妙蓮から近江妙蓮へ』という、近江妙蓮の歴史に関わる記録冊子の印刷費のことなども気にしていたようです。そして、四月には、次のようなハガキが送られてきています。「昨日松板二間×二間で深さは二尺位と申し上げましたが、二尺では仕事が大変なら一尺位でもよろしい。昨日妙蓮四本掘り上げました。私も四本を、これだけにいたしましたから、も少し掘ってさし上げようと思っていましたが、掘りにくくてこれでお許しお願いいたします」

そこで、約三・六m四方の枠板に六〇cmの深さで底板を張った大きな箱を作り、それを大日池に埋め込み、その中に土を入れて妙蓮の蓮根の苗床を作りました。一方では、府中市のひょうたん池で武蔵野妙蓮の蓮根を四本掘り上げています。蓮根掘りが大変であったようで、もう少し掘りたかったがこれでお許しをといっています。府中市との連絡不十分のため、水の引きが良くなかった池で、このような作業を大賀博士も一緒に行なったようです。

大日池に帰ってきた妙蓮

昭和三十五年四月二十日、大賀博士が持参された妙蓮の蓮根が、大日池の松板で囲まれた箱の中に無事植えられました。この時の蓮根の数が五本であったと、田中常尚さんは記録していますが、大賀博士の書状では四本のようです。明治二十八年以来絶えていた大日池の中に、妙蓮の蓮根が移植されたのです。そして、これを契機として、「保勝会」が「妙蓮保存会」と改称して、里帰りした妙蓮を守り育てることになりました。

妙蓮を移植した日、大賀博士が撮影された集合写真が残されています。この写真は、大賀博士のお世話をしていた江崎清子さんが、五月二十五日付けの封書で送り届けてきたものです。大日池の整備から妙蓮の移植まで、さまざまな作業に奉仕してこられた人々の喜びの姿が写されています。近江妙蓮里帰りを祝福する、貴重な記念写真です。

しかし、その年の夏は、蓮の葉が少し出ただけで花は咲きませんでした。十月二十一日付けの大賀博士のハガキには、「秋になりました。遂に妙蓮の花が上がらず残念でした。

近江妙蓮里帰り記念写真

右より

後列

平尾宗太郎（田中）
田中　良治（田中）
田中　二郎（田中）
遠藤　政雄（田中）
田中　米三（田中）
若井半四郎（田中）
遠藤長太郎（田中）
山本　豊（洲本）
田中　常尚（田中）

前列

山本　友次（洲本）
南　良雄（田中）
杉本　武男（杉江）
田中　寛三（田中）
平尾　庄吉（田中）
田中　源治（田中）
南　卯吉（田中）

来年のことです。印刷の話も自然来年の事ですが、私としては早く印刷できると好都合です。中々世の中の事、自分の思うように参りません。……」とあります。妙蓮の移植については、成功することを確信しているようです。近江妙蓮の論文を原稿用紙百五十枚くらいに書き上げたものを、印刷する費用などの心配をしているようです。

昭和三十六年七月二十一日付けのハガキは、次のような文面です。ハスの花の咲くころになると、大賀博士は東奔西走の毎日であったようです。そして、合間を縫うようにして、守山を訪ね、大日池の妙蓮の開花を待ち望んでいたのです。「花が上がらぬよし、シビレが切れます。当方のは沢山上がっていますが、まだ開花しません。来たる二十六日に立て、福野と金沢を経て、二十七日明に守山に参ります。多分夜二十二時三十二分につくようになりましょう。二十八日にはゆっくりいたし、昼前頃出発京都に向い度予定に候。よろしく願上候」。妙蓮移植に関わって、大賀博士は前後二十数回田中家を訪れられたということです。

昭和三十七年八月十一日付けのハガキは、「田中に妙蓮のツボミの上がらなかった事は実に残念ですが、まだ二十日間位は日もありますし、よく見ていて下さい。二年はよろしいが三年はあまりに長くあります。……」と書かれています。大賀博士にも幾分かあせりが見え始め、この時の地元関係者の苦衷は想像に余るものがあります。それでも、この年もとうとう妙蓮の花は咲きませんでした。

昭和三十八年七月三日付けのハガキは次のように記されています。「こちらの妙蓮はツボミが上がりましたが、ソチラはまだですか。今年の夏ハドウしても咲かせ度くあります。……近江からの飛報が待たれます。……」。このハガキが届けられたしばらく後、大日池では幾つかの蕾が上がり始めました。そして、やがて見事に妙蓮の花が咲いたのです。明治二十八年を最後にして妙なる花を咲かせなくなった大日池で、六十九年ぶりに昔にかわらぬ妙蓮の花が咲くようになったのです。明治の初期に、不思議な因縁で金沢の持妙院に移されていた妙蓮が、再び近江の大日池に里帰りしたのです。田中家や「妙蓮保存会」の人たちの喜びは言葉に表せないものがあったと思います。早速、守山町長など関係者を招いて観蓮会を開催して、近江妙蓮の復活を慶んでいます。

『近江妙蓮から近江妙蓮へ』の表紙

昭和四十年三月二十五日、大賀博士の論文『近江妙蓮から近江妙蓮へ』が、近江妙蓮保存会から発行されています。近江妙蓮に関する最初の貴重な文献として、大賀博士の研究の成果が刊行されたのです。しかし、この時には大賀博士は老衰のため体調をくずしておられ、六月十五日には死去されています。

昭和四十年八月には、「大日堂の妙蓮およびその池」が滋賀県の天然記念物に指定され、五十年八月から、妙蓮の花が「守山市の花」に制定されています。

昭和五十八年の夏には、妙蓮の花が一輪も咲かなくなりました。このため、滋賀県と守山市に申請した「保護増殖事業」が認められ、田中家の庭に妙蓮保存用の水槽を設置して、その永久保存への対策がなされました。

近江妙蓮公園

平成九年（一九九七）三月、永い歴史を持つ貴重な花の保護育成を願って、守山市では「近江妙蓮公園」を大日池の隣に設置しました。そして、妙蓮資料館、茶室、集会室、事務室などと共に新しい池を掘って、八十本の妙蓮の蓮根を移植しました。この新池の妙蓮は、移植した蓮根の数が多く、その他の条件も都合良く整ったため、この年の八月半ばから花が咲き始め、九月の半ばまで奇妙な花を見ることができました。現在、加賀妙蓮には池に流入する水の汚染などの影響もあって年々衰えが見られます。すでに越中妙蓮は消滅しており、武蔵野妙蓮も、平成六年に観察した時は完全に絶えていました。このような時、妙蓮鑑賞と保護への施設として、近江妙蓮公園が設置されたことは意義深いものがあります。また、守山市長ほか関係者が集まって開かれる鑑蓮会は、毎年七月末の日曜日に、大賀博士の法要とともに盛大に行なわれています。そして、由緒深いこの妙蓮を鑑賞するために、全国各地から訪れる人々の数は年々増えています。

大日堂での大賀博士の法要

妙蓮を観覧する河西幼稚園の子どもたち

蓮池と大日堂の今昔

大日堂の移り変わり

田中家にある「書置譲り状の事」という譲り証文には、次のような記事があります。

我等支配分中村領内に田中氏の氏神八幡宮つけたり大日堂、我家の守護神仏なり。則ち境内に千重の蓮花、右は往古より相続これ在り、無類の名地なり。然るにより往古より爾今天下御代々様より相替らず御赦免地なり。

田中家の家屋敷は、田中村領内にあるのですが、氏神八幡宮と大日堂や千重の蓮花（妙蓮）の池などは、中村領内にあります。この土地は、田中家が先祖代々相続して、他に代わるものがないほど大切にしている土地で、昔から地租が免除される除地になっていました。

田中村と中村は、この地域にあった条里制の跡に従って、東北から南西に走る幅四尺

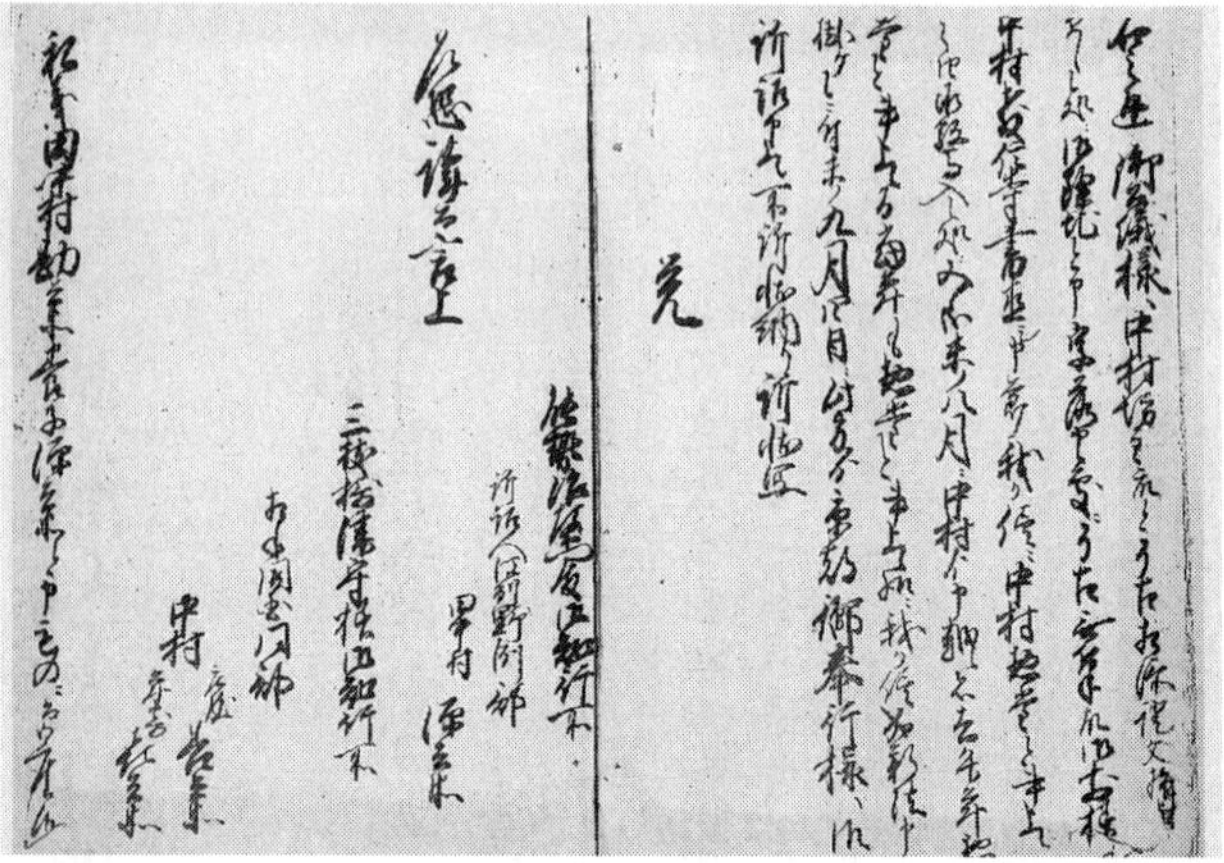

京都町奉行への口上書（写し）

（一二〇㎝）の小道が境界になっており、この道に沿ってそれぞれが細長い村になっています。そして、田中家の家屋敷と、蓮池や大日堂などがある土地は、この小道を境にして両側にあるのです。

田中家の先祖頼冬が、六角満高の命によって高島郡の井口村から田中村に移住したとき、田中村と中村にまたがる広い領地を与えられたといわれています。そして、家屋敷を田中村領に建て、小道を隔てた西側の中村領に蓮池を掘り、八幡宮と大日堂を建立して、守護神仏としたようです。このことは、「田中氏由来」などにも書き残されていることです。そして、田中家代々の当主が、家屋敷などとともに守り伝えてきた財産の一つになっていたようです。

元禄十六年（一七〇三）十月二十三日付けで、田中家の十六代当主綱光が、京都町奉行水谷信濃守に訴え出た「乍レ恐謹言上」という覚書きがあります。これは、中村の庄屋、年寄が連署で、大日堂などの

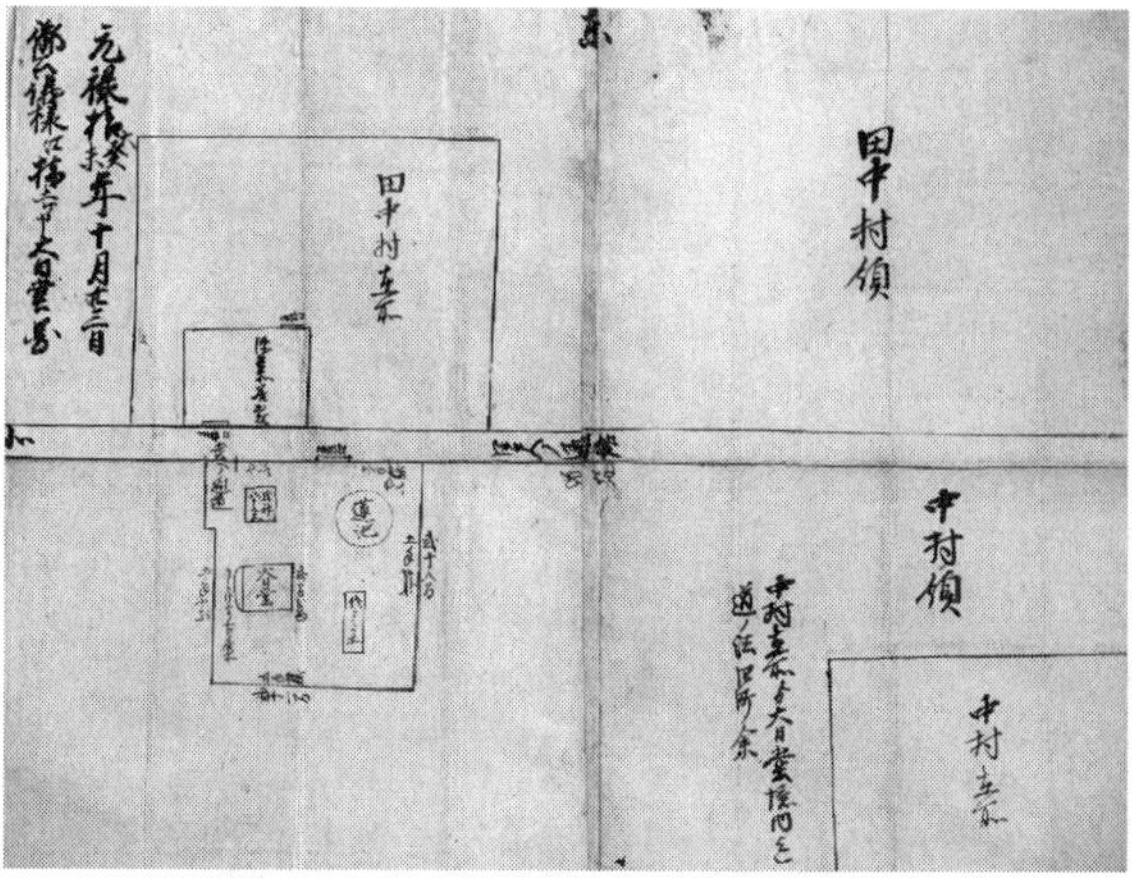

御公儀様え差し上げ申す大日堂図（元禄16年）

土地は中村領にあり、中村の支配地になっていると申し出ていることに対して、「大日堂の境内、弐拾八間に弐拾壱間は、田中家が先祖代々支配してきた地で、大日堂や氏神八幡宮の修復は往古より我家が行なっている。この境内にある墓地は、先祖代々田中家の墓地として認められているものである。また、境内に小さな蓮池があり、毎年蓮花盛んな節には貴い方々から所望されており、公家様方や芦浦観音寺様などから蓮花を所望された書状も所持している。蓮池のまわりには、昔から我家で垣根をめぐらしており、境内の竹木を外から勝手に切り取ることは未だかってなかった。このようなことで、大日堂とその土地の支配を従来どおりに認めて頂きたい」として、「御公儀様え差上げ申す大日堂図」という、田中家の屋敷と大日堂の境内などの配置図を提出しています。

この平面図が、大日池や大日堂などの配置を知る最も古い図面です。四尺の小道を挟んで東側は田中領、西側は中村領になっています。田中村領には田中村在所があり、そこに源兵衛居所として東に表門のある屋敷が書いてあります。そして、小道をはさんで西側の中村領には、二八間（約五〇・四m）に二一間（約三七・八m）の敷地内に、氏神八幡宮、大日堂、代々はか所（墓地）と丸い蓮池が描かれています。そして、墓所への通路も記されています。簡略な平面図ですが、その配置は現状とほぼ一致しており、六百年前からこのような状態で大日池が守られてきたことがわかります。現状と異なるのは、八幡宮が他所に移されたことと、この敷地の周囲が竹木の茂った藪のある土手になっていることです。土手の高さは、この図ではわかりませんが、野洲川の洪水で周囲の田畑に水が溢れても、この池は大丈夫だったということが他の文書に記されています。

「境内地反別並建物仏器什物動不動産御届書」という、明治二十八年二月の文書があります。滋賀県近江国野洲郡河西村大字中村第拾弐番地天台宗大日堂が、境内地の面積や所持する物品などの届け出をしている書類です。この中には、大日堂と蓮池の由緒書きとともに平面図がそえられています。「境内建物略図左の如し」という図には、一間（三・六m）と三間（五・八m）の大日堂と、一間（一・八m）四方の弁天堂が並んでいます。墓地のそばには、九重石塔の図が描かれています。妙蓮池は、七間（一二・六m）に十一間（一九・八m）の敷地に丸い形で描かれています。境内地の面積は、九畝二八歩（九・二八a）、

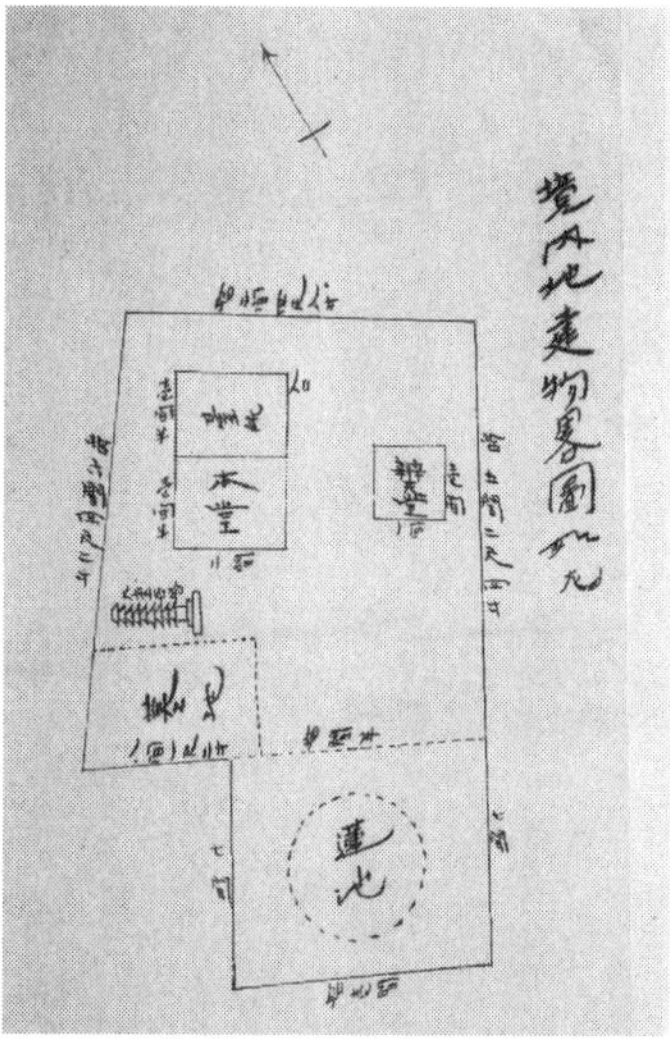

境内地建物略図（明治28年）

今も立っている九重の塔の一部

八幡宮の社

墓地の面積は、一畝歩（一a）でともに除税地となっています。元禄十六年（一七〇三）の図と比べると、八幡宮のところが弁天堂になっていることと、墓地のそばに九層の石塔が描かれているほかは、蓮池が丸い円形で描かれていることなど全く同じです。九重石塔については、「頼冬の息頼久なるもの、父及び祖先その後の霊を祭る為、此の墓地に一カ塔を建立せらる。続いて十二代の間霊を此の塔に祭り来る。十三代目田中勘兵衛綱衡より代々の石碑此の墓に建設しあり」という文書があります。この文書のとおりとすれば、今に残る石塔は、六百年前のものということになります。八幡宮については、『蓮花立覚留日記』の貞享四年（一六八七）の記事に、「此年地下八幡宮様堤下へ御勧請仕り候」とあり、野洲川のほとりに移されています。この八幡宮は、昭和五十四年の野洲川放水路改修工事によって、三百年ぶりに再移動して、田中の集落の東側に建て替えられています。

大日堂についての由緒は、白雉年中に僧定恵による開基となっていますが、田中頼冬が高島郡からこの地に移住した後、その嫡男の頼久によって建てられたものと考えられます。江戸時代になると、万治三年（一六六〇）十月二十五日、本尊弥陀如来が出来、翌年に堂が建て直されたことが、『蓮花立覚留日記』に書かれています。そして、享保十三年（一七二八）にも再建されたことが、明治十六年の『大日堂届書』に記されています。また、文化四年（一八〇七）に、地上げ普請が行なわれ、銀五〇〇匁余入用だったことが、『蓮花立覚日記』に記されています。さらに、弘化四年（一八四七）には、大日堂が大破して

弘化４年に再建された大日堂

妙蓮の模様のある瓦

妙蓮が彫られた欄間

いるので修復造営のための御寄進を依頼した、『蓮池大日堂再建寄進帳』が残されていることから、この年にも再建されているようです。大正十五年（一九二五）には、再建工事が行なわれて今の建物が作られています。古いお堂は、弁天堂の東側の藪地を整備して建て替えられたものが現存しており、弘化四年に建てられた大日堂の面影を残しています。

平成九年（一九九七）には、近江妙蓮公園の設置などにかかわって、大日堂の屋根の吹替えなど修復工事が行なわれています。そして、新しくなった大日堂は、妙蓮の蕾を彫りこんだ屋根瓦が新調され、群生する妙蓮を彫った欄間や、妙蓮の絵が描かれた香炉などと共に、妙蓮の貴重な歴史を象徴する存在になっています。

大日池とそのなりたち

妙蓮を六百年にわたって育ててきた大日池は、どのようにして出来たのでしょうか。古くから存在していた池を妙蓮池として利用したのか、妙蓮を育てるために新しく掘った池なのかについて、明らかにする記録はありません。

元禄十六年の図と、明治二十八年の平面図に描かれている蓮池の形は、円形になっています。現在の大日池は、平成五年（一九九三）に『守山市誌自然編』の執筆委員である松永和之さんが、測量作成した平面図があります。これに描かれている大日池は、昭和三十

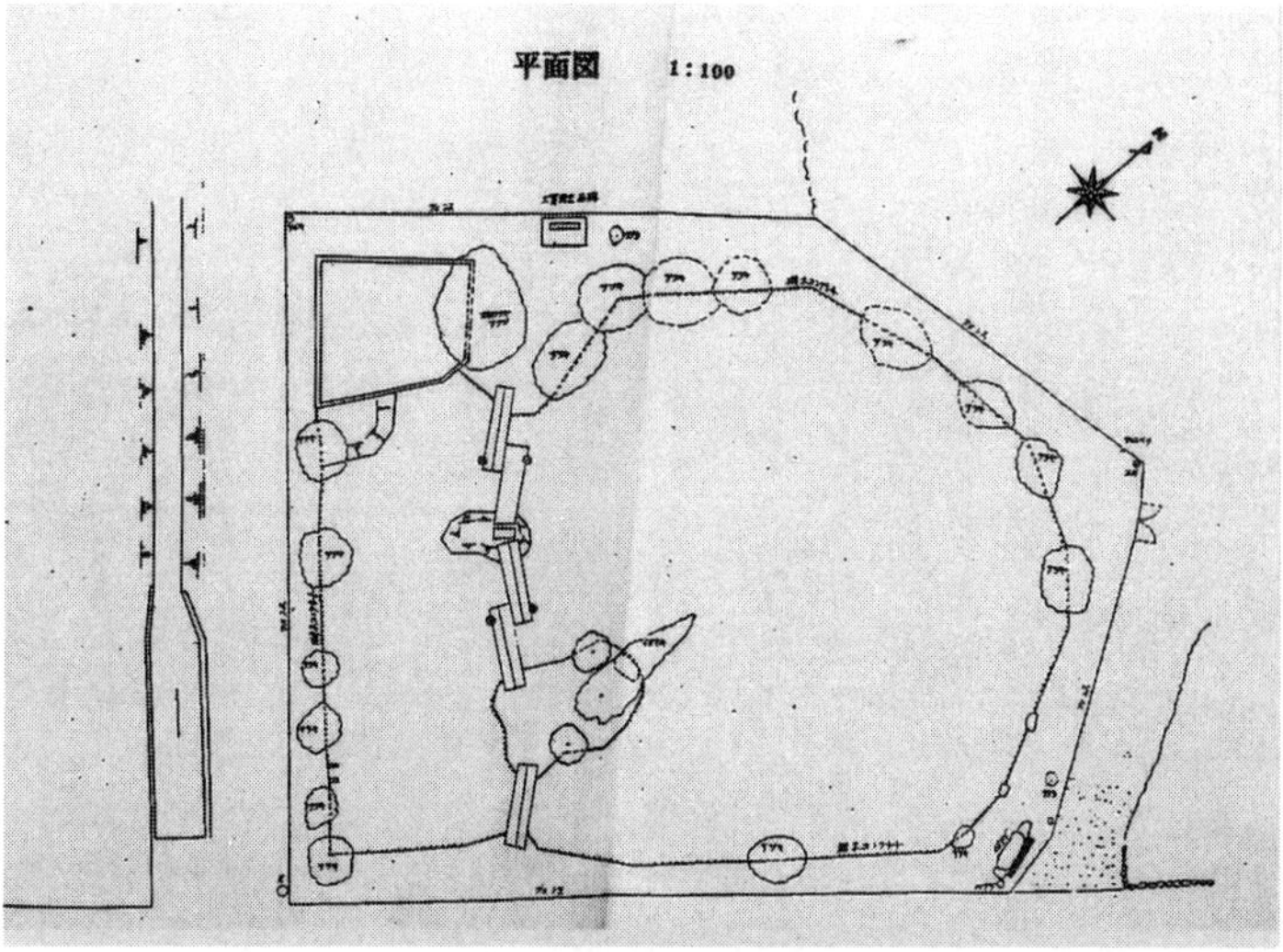

平成５年測量の大日池平面図

四年近江妙蓮が里帰りする時に、西南側に拡張された部分や、昭和四十九年の池整備事業によって擬木コンクリートが周囲に埋め込まれ、同時に西南隅にコンクリートの小池を造るなどしたため、全体の形は昔と変わっています。しかし、大日池の本池は、直径がほぼ一七ｍの円形をしており、昔の図面と全く同じ大きさと形です。

なぜ、妙蓮池が、このような円形の池になっているのか考えると不思議です。各所にある自然の池は、池の周囲が長年の間に浸食されて、出入りのある形になっているのです。また、守山地域にある自然の池は、野洲川の伏流水があふれ出してできた湧水池なのです。大日池は、もとから湧水池ではありませんでした。この池の用水は、大日堂と八幡宮の間にあった小さな湧水池から流れ出る水と、雨水が貯められたものです。このように丸い形になった池、そして湧水の出ていない池は、人工的に造られた池であると考えられます。

明国から伝えられた妙蓮を、六角満高の命によって育てることになった田中頼久は、屋敷の一部に新しく丸い池を掘ったのです。古くからある自然の湧水池では、夏期の水温が比較的低いため、妙蓮を育てるのに適さないからです。また、新しく造った池であると、常蓮はもちろんのこと他の水生植物がないため、妙蓮だけを育てるのに好都合でした。そして、掘りあげた土は池のまわりに土手を作って、池を保護することができました。このようにして造られた池には、やがて妙蓮の花が咲きました。初めて咲いた花が、六角満高を通じて京都北山の足利義満に献上されたのです。それ以来、妙蓮のことは国内で広く有名になり、大日池とともに大切に保護されてきたのです。

丸池の面影を残す大日池

『蓮之立花覚』の安永九年（一七八〇）の記事には、「蓮池の泥上げ、七日掛り、自身に精進致す、三月四日成就致す。七十五才自身致す、大慶に存じ奉り候ふ。百二十年此の方の事」とあります。田中家十七代当主の綱義も一緒になって、七日がかりで大日池の泥上げを行なったということです。百二十年この方ということは、明暦三年に書き始められた『蓮花立覚留日記』にそのような記録がないので、明暦元年か二年に大日池の泥上げなどの整備が行なわれていたことになります。そうすると、室町時代の初期に妙蓮池が造られてより、二百五十年ぶりに池が整備されたのです。荒れていた蓮池が、二百五十年ぶりに一新されたことがきっかけとなって、それ以後、妙蓮池のようすや、妙蓮に関する記録を書き残すようになったと思われます。永い戦国の時代を経て、ようやくにして泰平の世を迎えて行われた蓮池の整備が、平和の象徴である妙蓮を長く保護するとともに、それにまつわる数多くの貴重な歴史を書き残す契機になったのです。

600年前と同じ妙蓮を咲かせる大日池

　昭和四十年三月には、「大日堂の妙蓮およびその池」が、滋賀県の天然記念物に指定されています。これは、六百年の歴史を持つ大日池と、そこに生育している妙蓮という蓮が天然記念物として指定されたのです。平成十年には、近江妙蓮公園が開設されて、瑞蓮池が作られています。その新しい池には、田中家の庭にある培養池から妙蓮の蓮根が移植されています。今では、この瑞蓮池に毎年のように二百〜三百本の妙蓮の花が咲いています。しかし、この妙蓮とその池は、天然記念物ではないのです。大日堂とその妙蓮池が経過した他に類のない長い歴史と、それを守り育ててきた人々の長年にわたる労苦が、このような指定を受けているのです。

第四話

百六十年間
記録された妙蓮の日記

「妙蓮日記」の時代と農村

妙蓮の咲いた花の数や、田畑の作柄の豊凶などを、年ごとに記録した江戸時代の日記が、田中家に残されています。この妙蓮を主題とする日記は、年代順にすると、『蓮花立覚留《はすのはなたつおぼえとめ》日記《にっき》』二冊と、『蓮《はす》之《の》立花覚《たつはなおぼえ》』、『蓮立花覚日記《はすのたつはなおぼえにっき》』の四冊になっています。ほかに、メモ書きのような記録用紙と、享保時代の一部が特記された用紙を閉じた『永々《えいえい》蓮立花覚帳《はすのたつはなおぼえちょう》』があります。最初の『蓮花立覚留日記』は、明暦三年（一六五七）から始まり、最終冊の『蓮立花覚日記』は、文化十二年（一八一五）で終わっています。『永々蓮立花覚帳』には、明暦二年のことと考えられる記事がありますから、江戸時代の初期と末期のそれぞれ五十年を除いた百六十年の間、農民が記録し続けた妙蓮の日記です。このような日記は他になく、琵琶湖のほとりにある農村のようすを垣間見ることのできる貴重な文書です。

これら五冊の「妙蓮日記」を解読するうちに、重要なことに気づきました。それは、これらの冊子が一冊ごとにまとめられている期間が、江戸時代の歴史を区切るある種の節目と一致していたのです。『永々蓮立花覚帳』は、別冊なので省きますが、他の四冊について、それがまとめられている期間と江戸時代の歴史を重ねてみると、次のようになります。

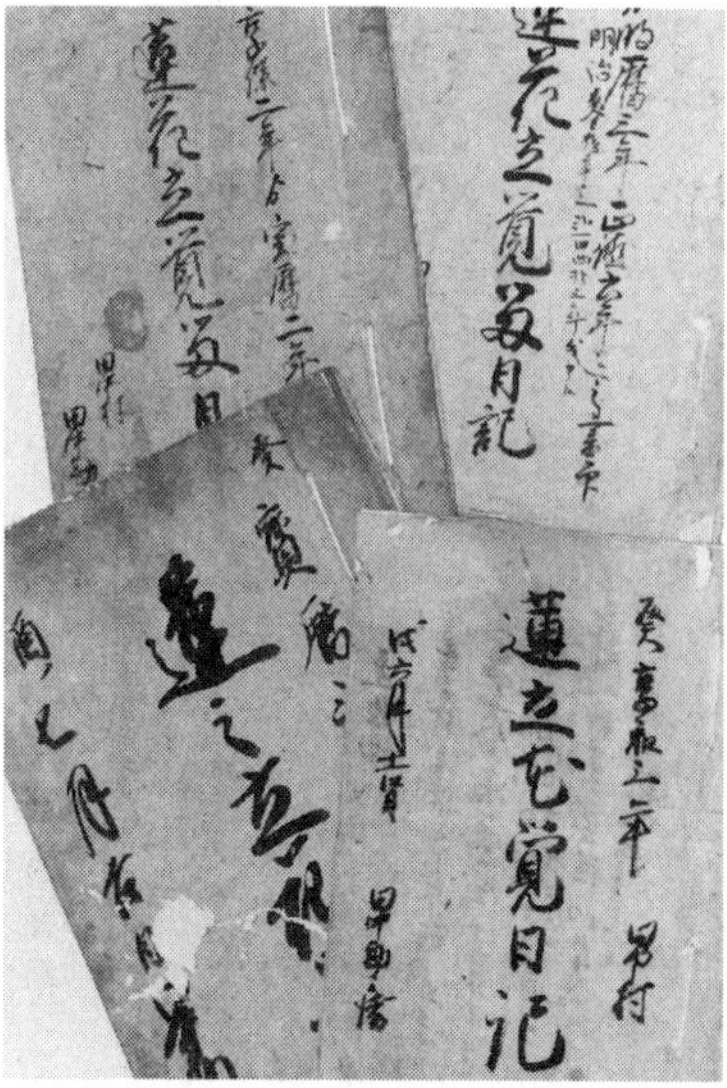

「妙蓮日記」の表紙

『蓮花立覚留日記』は、明暦三年から享保元年までの六十年間の日記です。この期間は、元禄の繁栄といわれるように庶民経済は向上して、農村を含めて天下泰平の時代といえます。続く、二冊目の『蓮花立覚留日記』は、享保二年から宝暦二年（一七五二）までの三十六年間の日記です。この期間は、米将軍といわれた徳川吉宗が享保の改革を行なった時代です。吉宗は、農民からの年貢を増徴する政策をとったため、農民の生活は過酷となった時期です。三冊目の『蓮之立花覚』は、宝暦三年から天明二年（一七八二）までの三十年間の日記です。寛延四年すなわち宝暦元年、吉宗が死去して享保の改革が終わりを告げ、やがて田沼意次が登場する時代です。それまでと変わって、商品の流通に課税することで、農民から得る年貢の引き上げをやめています。そのため、農村の生活はそれなりに安定している期間です。天明三年から寛政十年（一七九八）までは、日記は記録されていません。天明三年から始まる史上最悪の飢饉と、松平定信による寛政の改革が進められた時代は、妙蓮の日記は記録されなかったのです。四冊目の『蓮立花覚日記』は、寛政十一年から文化十二年までの十七年間の日記です。寛政五年に松平定信が解職され、寛政の改革は終わりましたが、幕藩体制の構造的矛盾が農村の生活を苦しめていた不安の時代です。先祖代々書き継がれてきた「妙蓮日記」を、さらに書き続けようとしたのでしょうが、とうとう文化十二年で筆を折ったようです。近江国の甲賀・野洲・栗太三郡の農民による、天保の大一揆が起こるのは、この年から二十七年後のことでした。

「妙蓮日記」の各四冊は、どうしてこのようにまとめられたのか分かりませんが、考えてみると見事な着想というべきです。さらに、この日記が明暦三年から書き始められていることにも、偶然とは思えない驚きを感じます。

明暦三年という年は、徳川幕府のおひざもとの江戸では、正月早々から大騒動が起こっています。一月十八日から三日間にわたって、江戸始まって以来という大火がありました。「振袖火事」とも呼ばれているこの大火は、本郷五丁目丸山本妙寺から出た火が火元です。八十日余り雨が降らなかった江戸の町は、乾燥しきっていたところに北西の烈風が吹き荒れて三日三晩燃え広がりました。江戸城の天守閣、本丸、二の丸、三の丸が焼けたのをはじめ、江戸の町のほとんどが焼失しました。死者の数は、十万七千余人におよんだといわれています。江戸城の天守閣は、五層五階、地下一階建て、地上から百九十尺(五七・六m)の高さの大屋根に十尺(三m)の金の鯱《しゃちほこ》が輝いていました。徳川幕府の権威の象徴であった天守閣は、この時焼け落ちたのです。

この大火は、江戸の町における生活面のみでなく、徳川幕府の政策面まで大きな影響を及ぼしています。江戸城の天守閣が、保科正之の建言もあって再建されなかったことに象徴されるように、それまでの武断政治であった幕府の政策は、文治政治にかえられていきます。江戸城の天守閣が焼け、太平の世になっていくころに書き始められたのが『蓮花立覚留日記』だったのです。妙蓮は、世の中が平和であることを象徴する花であったのです。

このころ農村では、室町時代末期から発達した河川の改修工事と、それにともなう新田開発工事によって、耕地面積が二〜三倍に増えています。このことは、耕作する農民たちの労働力の補充がおいつかなくなるという現象を作り出しています。また、一方では、急速な開発の結果は山野の荒廃にもつながり、水害などの災害が続発して、収穫減になることもありました。徳川幕府は、寛文六年（一六六六）に「諸国山川掟」を出して、新しい開発の禁止と、植林の励行などを決めています。これまでの開発至上主義を改めて、荒廃した土地の回復を命じるという政策転換が行なわれたのです。このとき以降、農政の基本的な流れは、耕地面積の拡大ではなく、本田畑での単位面積あたりの収穫量を増やすことに意をそそぐ農法に変わっていくのです。

徳川家康は、「百姓は生かさぬよう殺さぬよう、ぎりぎりまで年貢を取り立てるのがよい」といったといわれています。江戸時代初期の年貢は、このようにして農民の手元に余剰を残さず取り立てる方法だったのです。しかし、明暦のころになると、そのような体制はくずれ、農民の手元にも年貢を納めた後一定の余剰が残るようになりました。農民の手元に残った生産物は、交換に出されて農民の生活に豊かさをもたらすことになりました。このことは、それまで自分たちが消費するだけの生産で終わっていたのが、売るためにより多く生産する農業に変わったのです。自給自足時代の農村から、少しでも多くのものを生産してそれを交換に出し、より豊かな生活をしようとする農村へと転換する時期に、これらの「妙蓮日記」は書き始められたのです。

「妙蓮日記」をみると、元禄十四年から反当りの米の収量が記されるようになり、宝永三年は三十年来の大豊年で、一反あたり七俵と記されています。この時代は、毎年の収量が少しでも多くなることに関心が払われていたようです。また、天和二年（一六八二）の項には、「わせ吉、中て吉、おくて悪敷」と記され、稲の基本品種である晩稲《おくて》よりも早く収穫できる早稲《わせ》や中稲《なかて》の栽培のことが書かれています。このことは、天候不順などによる収量減に対する備えの意味がありますが、米の少なくなる端境期《はざかいき》に一日でも早く収穫して、より高く売ることを考える農業になっていたことを示しています。さらに、大麦、小麦、大豆、小豆などの農産物についても、その収穫に大きな関心が払われた記述が続いています。米以外の作物による収入が、農村の経済を維持していたのでしょう。

宝暦の時代以降になると、「米一石に付き四拾五匁」という具合に、米価が記されるようになります。それが、不作の年になると、「米高直《たかね》に成り九拾目」と記され、米価の変動にも関心が払われていくようになり、経済的観念の発達していく農村のようすが読み取れるようになります。そして、文化三年の記事には、銀納する年貢が米価安にもかかわらず高値で納めなくてはならず、「甚だこまり入り候」となっています。「百姓と胡麻《ごま》の油は、絞れば絞るほど出るものなり」といわれたような、年貢増徴策に困惑しているようすが記されています。

平和な世の中が永く続いた江戸時代が、やがて終わりに近づき、内憂と外患の時代を経て、明治維新を迎えるのです。そして、このような不安と動揺の世相を反映して、平和の象徴ともいうべき「妙蓮日記」は、記録されることなく頁を閉じています。

天下泰平の時代の日記

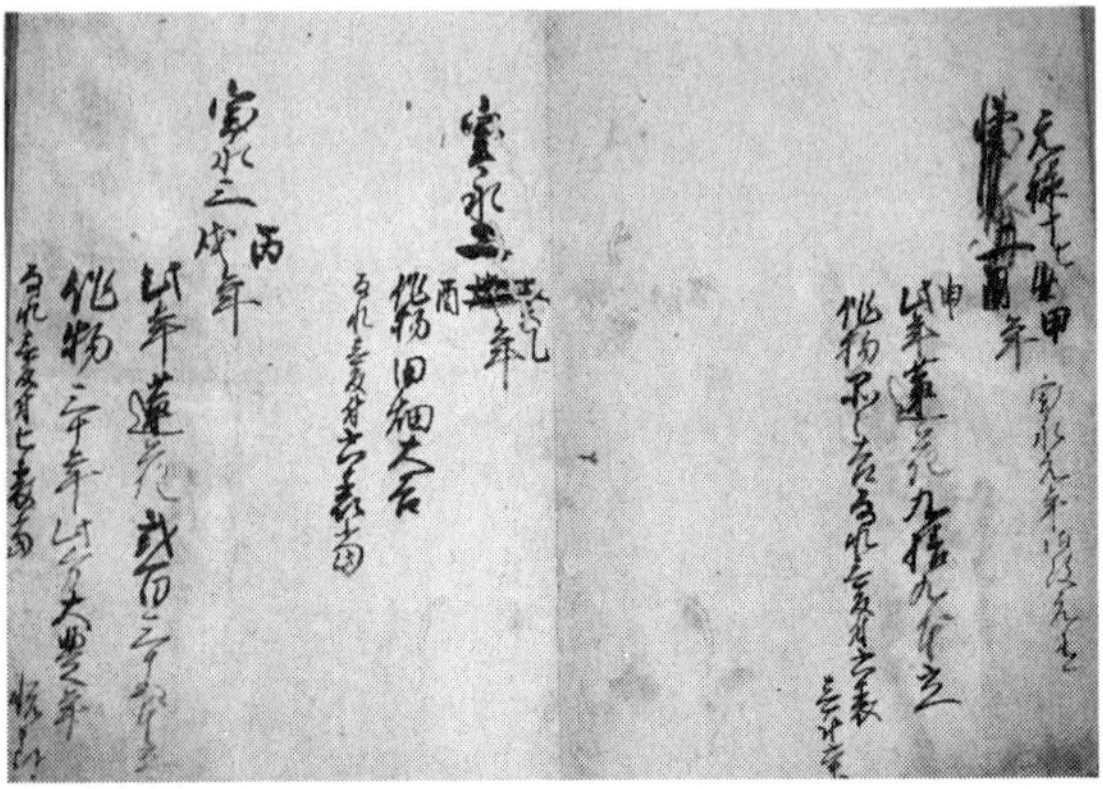

『蓮花立覚留日記』宝永元年から三年までの記事

『蓮花立覚留日記』は、明暦三年（一六五七）から始まって、正徳六年（一七一六）までの六十年間の日記です。この日記が書き始められる前年、大日池の泥上げなどの改修作業を行なっているようです。室町時代に池を創設して以来、二百五十年ぶりと思われる大日池の修復も終わり、新しい気持ちで妙蓮の保護育成を進めるなかで、年毎の妙蓮開花記録が書き留められるようになったのでしょう。

明暦三年から、年ごとに書き留められていた記録を、正徳六年に田中家十六代綱光が整理して、内容も同じような書き方に統一して一冊にまとめたのです。田中家十四代当主綱衡が書き

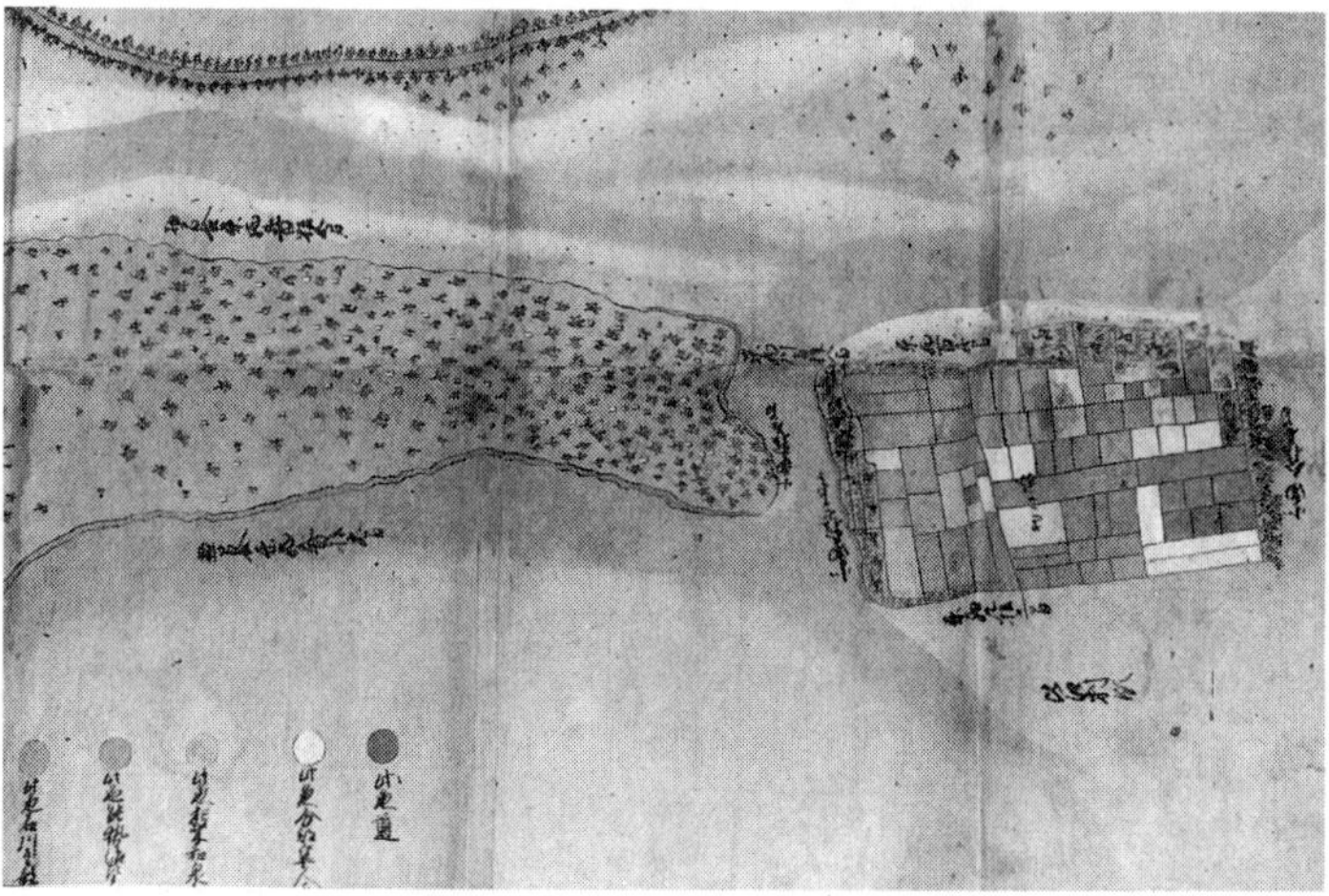

さこね畑の絵図（川田純一家蔵）

始めたものを、途中から十五代綱重、さらに綱光へと書き継がれてきたようです。この日記は、妙蓮の咲いた数と農作物のようすだけが記されていきます。それが、元禄十四年からは、反当りの米の平均収量が記されることになります。また時々、「さこね水押し」の語が記されています。さこねとは、野洲川の中洲に作られた畑地のことで、野洲川が増水するとすぐ冠水するため、不作となり困っていたようです。このような畑地でも、四人の領主による相給地《あいきゅうち》になっており、当時の守山の農村の実情を知ることができます。

この日記の最初にある明暦三年の記事は、特別の内容になっているので、この全文を記載して解説しておきます。

明暦三丁酉年。此年蓮花十三本立、内壱本蓮肉乗《はすにくのり》、仏像成申候。花三輪成、実壱粒宛乗申候。実の大きさ三寸余有、頭目鼻口耳悉有、黒き実に青色成。御袈裟《けさ》御懸被レ成候様に被レ拝候。三尊如来と申、人大分群集仕候事三十余日間参詣有候。

十三本の蓮花が咲いたが、その内一本が花托のある常蓮であったようです。それが、三尊如来のように見える特異な蓮であり、一カ月余りの間大勢の人がお参りに来たとあります。蓮肉乗というのは、蜂の巣状の花托が付いている常蓮のことですが、花三輪成りというのは、一茎三花の妙蓮のことです。すると、この記事では、常蓮と妙蓮のどちらが三尊如来に見えたのか分かりません。しかし、一カ月余りも人々が見物に来るような特異な蓮ということは、常蓮と妙蓮が合わさった、モザイク花であったという想像ができます。天明元年（一七八一）に出たモザイク花の記事は、「三輪成、壱方蓮台の形有、弐方本花也」となっています。そして、その前年には、七日がかりで大日池の泥上げをしたことが記されています。明暦の元年か二年にも、

平成９年７月に現れたモザイク花

大日池の泥上げ改修をしているようです。そうすると、同じような経過で一時変異のモザイク花が生じたことが推測されます。

『蓮花立覚留日記』で、妙連が比較的たくさん咲いたことが記されている年は、寛文五年（一六六五）百十五本、貞享四年（一六八七）九十八本、元禄八年（一六九五）百一本、同十一年が百五十八本、同十五年が九十七本、同十六年が百十九本、同十七年が九十九本、宝永三年（一七〇六）が二百三十五本、同六年が九十五本となっています。どの年ともに、「作物田畑共吉」と記されています。とくに、寛文五年は、「田畑共二十年此方の豊年と申し、悦び申し候。なれ壱反付、七俵当」と記されており、宝永三年も、「作物三十年此方の大豊年、悦び申し候」と記されています。この他にも豊作の年がありますが、いずれも蓮花は多く咲いたことが記されています。妙蓮がたくさん咲く年は豊作であるという伝承は、この日記の記事から作られたことが納得いきます。蓮も稲も熱帯原産の植物であるため、稲作の良い年は蓮にとっても生育の良い年になるのです。

「此年蓮花一本も立ち申さず候」と記された年は、寛文元年と貞享元年、同二年の三回あります。いずれの年も、「世の中殊の外不作故、難儀の者共多く有り」というような記事で、不作の年であったことを記しています。万治三年（一六六〇）は、三本だけ咲いていますが、「皆悉く蓮肉乗」となっており、常蓮だけが咲いたようです。そして、「殊の外悪敷き事多く有り」と記され、大不作の年であったようです。大雨が続き、洪水の多い年に

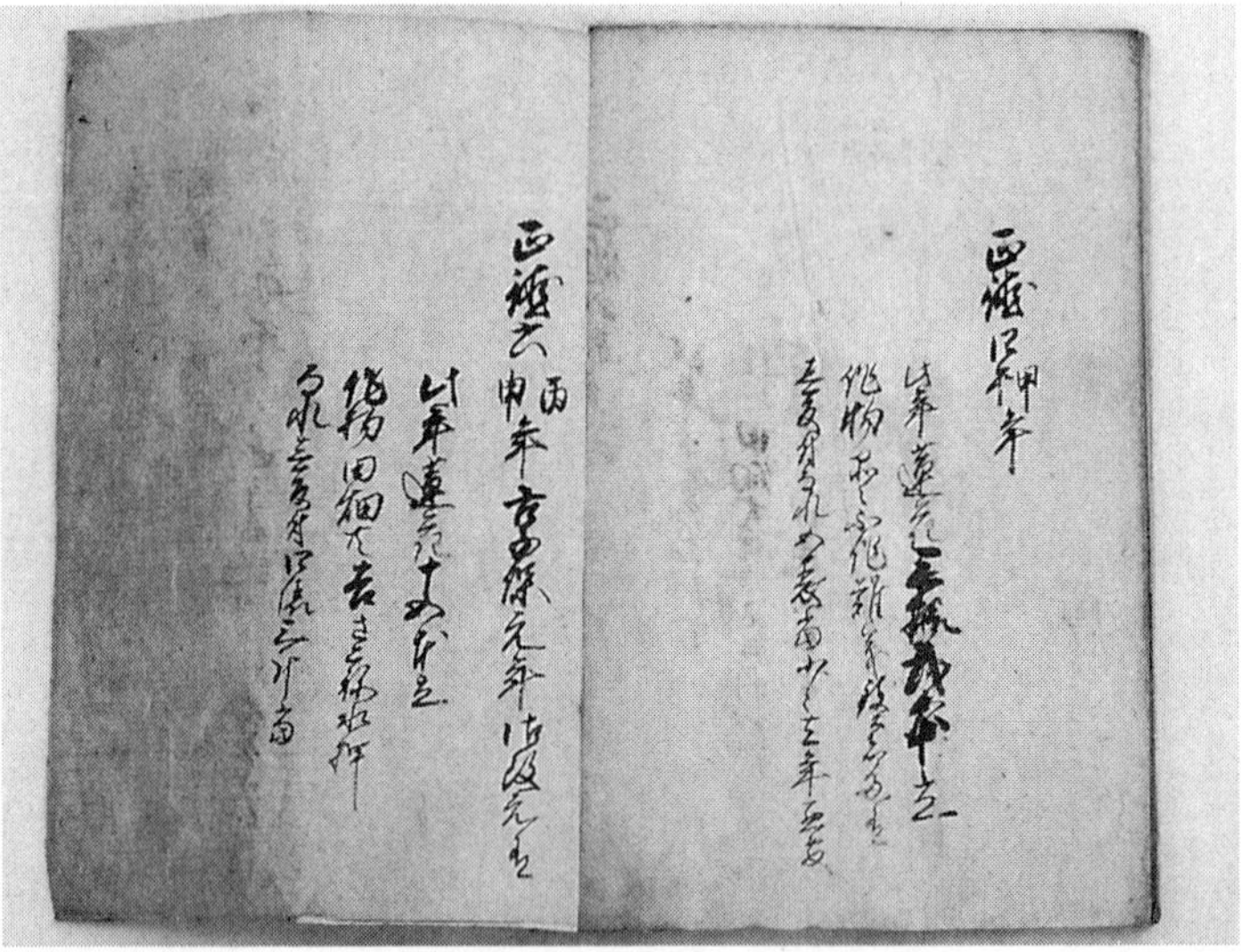

『蓮花立覚留日記』正徳4年と6年の記事

は、妙蓮が咲かないで田畑は不作だったのです。

　元禄十四年以後は、反当りの米の平均収量が記されています。それによると、最も多く取れたのは宝永三年の、「なれ壱反に付き七俵当て」です。蓮花が百三十五本と最高に咲いた年は、米も最高に取れたことになっています。なお、この日記に出ている収量の少ない年でも、米は反当り四俵半となっています。この当時の守山の土地は、平年作で六俵は収穫できる豊かな農村であったのです。

米将軍徳川吉宗の時代の日記

『蓮花立覚留日記』は、享保二年（一七一七）から始まって、宝暦二年（一七五二）まで三十六年間の日記で、その筆者は、宝暦六年八十二歳で亡くなった田中家十六代綱光でした。綱光は、元禄十四年（一七〇一）ごろからこの日記を書き継いでいますが、ここで二冊目の『蓮花立覚留日記』が新たな一冊としてまとめられています。

正徳六年六月に享保と改元され、紀州徳川家から入った吉宗が、八代将軍になったのはその八月でした。そして、将軍吉宗が行なったのは、「享保の改革」と呼ばれる幕政改革でした。それまでの文治政策の行き過ぎを改め、華美になった諸儀式を簡素化して経費を節約することで財政を確立し、幕藩体制を初期のような強固なものに戻すための政策を断行しています。農村では、それまで続いていた「検見取法《けみとりほう》」の代わりに、あらかじめ決めておいた年貢量を徴収する「定免法《じょうめんほう》」を施行して、その年貢率の引き上げで、実質的な増税が行なわれました。また、寛文のころから行なわれていた「本田畑中心主義」を撤回して、新田開発を勧めることで、年貢課税対象の増加をはかっています。さらに、貞享四年以来禁止されていた町人請負の新田開発を解禁して、町人資本による年貢増収の道も広

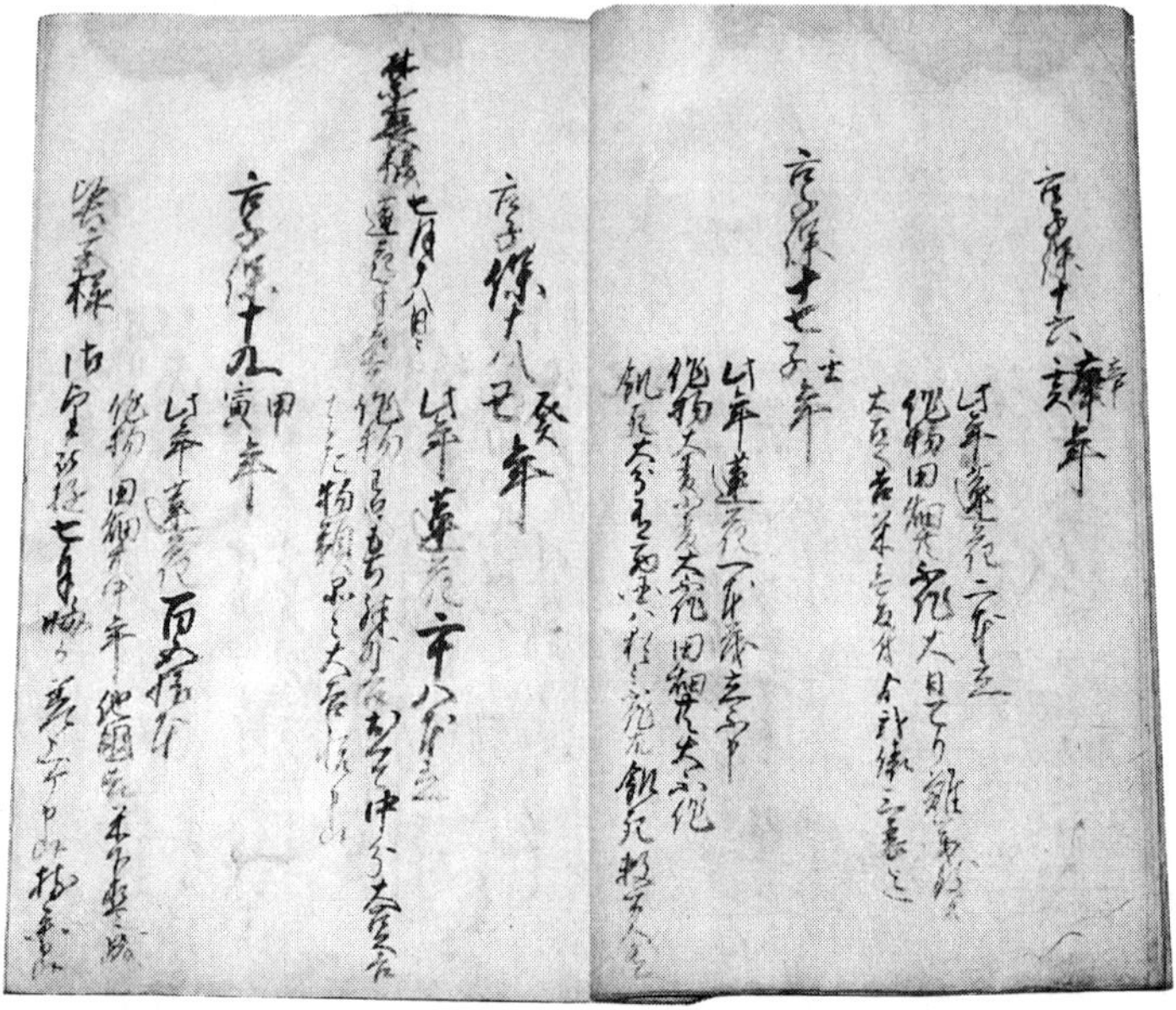

『蓮花立覚留日記』享保16年から19年までの記事

げました。

しかし、このような年貢増徴策と倹約令だけでは、構造的な経済の改革にはなりませんでした。米の値段が変動することと、他の諸物価が上下することがなんとか連動していたこれまでの経済が、この頃から、米価が下がっても諸物価は下がらないという、「米価安の諸式高」という状況になりました。このことは、米で年貢や俸禄を得ていた武士階級は当然のこと、農村の生活面にも大きな影響が出ました。ことに、年貢増徴政策に苦しむ各地の農村では、代官や領主に反対する一揆が頻発するようになってきました。

このような幕政の大転換期に、二

冊目の『蓮花立覚留日記』はまとめられたのです。この冊子では、前の冊子の記述方式に従った妙蓮の花の咲く数や、田畑の作柄だけでなく、花の生育に関する具体的な記録や、大雨洪水などの異常気象のことも詳しくなっています。さらに、その記載は、しだいに他国のことにまで及ぶようになっています。また、享保十五年から米の値段が記され、米価や物価の変動が、農民の生活に大きく影響していたことが想像できます。以下、年ごとに記載された日記の要点のみ取り上げて、享保の改革時代の守山のようすをみていきます。

享保二年は、六月一日から二カ月半、降雨のない大旱魃の年であったようですが、この地域では、反当たり五俵近くの収穫があり、日照りに強い豊かな地域であったことを示しています。その後、享保九年まで妙蓮の花も多数咲いて、米も反当り六俵以上取れる豊作が続きます。

享保十年は、妙蓮が三本出て、二本はくさり一本だけ花が咲いています。「作物田畑共に大不作、難儀者多く有り」と記されています。この年の春は干害、夏は長雨、秋にまた干害と天候不順で全国的に不作となり、餓死者が多く出ています。また三月には、守山宿で大火がありました。この年以降、特別な年以外は、米の収量が記されなくなります。享保六年に実施されたという、「定免法」の影響でもあったのでしょうか。

享保十五年は、「此年蓮花三十五本。作物田畑共大吉、米拾匁に三斗九升致す」と、初めて米価のことが記されています。このころ米価は下落し、この年の冬には、大坂で米一石に銀二九匁八分でした。一〇匁で米三斗九升ということは、米一石が銀二六匁に相当し、大坂での相場よりも安値だったのです。

享保十七年は、妙蓮が一本も咲かずと記され、江戸時代三大飢饉の一つに数えられる年になっています。異常低温と長雨が続いた後、夏には蝗《いなご》が大発生して、近江・伊勢より西国では、収穫が平年の二割くらいであったといわれています。守山付近にも餓死する人が出たようですが、幕府の所有米の放出などで、西国の餓死者は一万二千百余人となっています。この飢饉のため九月には、大坂相場で米一石に銀一三〇〜一五〇匁に高騰しています。

享保十八年の正月には、江戸にはじめての打ち毀しの米騒動が起こっています。百姓一揆は、全国的な規模で発生しており、庶民生活の不安は増大していたのです。

享保十九年の蓮花の数は百五十本と最高になり、「米下直《したね》に成り」と記されています。二年続きの豊作により大坂での米価は、一石当たり銀四六〜三六匁に暴落しています。これに対し、幕府は大坂の米相場を米一石に銀四三匁以上とするように、最低価格を公定しています。高値を押さえる公定価格はありますが、このような制度は異常なことでした。

享保二十年から元文三年（一七三八）までは、「蓮花一本も立ち申さず」という年が二度もあり、「田畑共に大不作、難儀致す者多し」や、「浦方大水故難儀致す」という記述が続きます。享保二十年から連続して四年間、春から夏にかけて諸国に大雨風と洪水が発生しています。近畿各地でも、大雨洪水の被害が続きました。ことに元文三年は、四月から

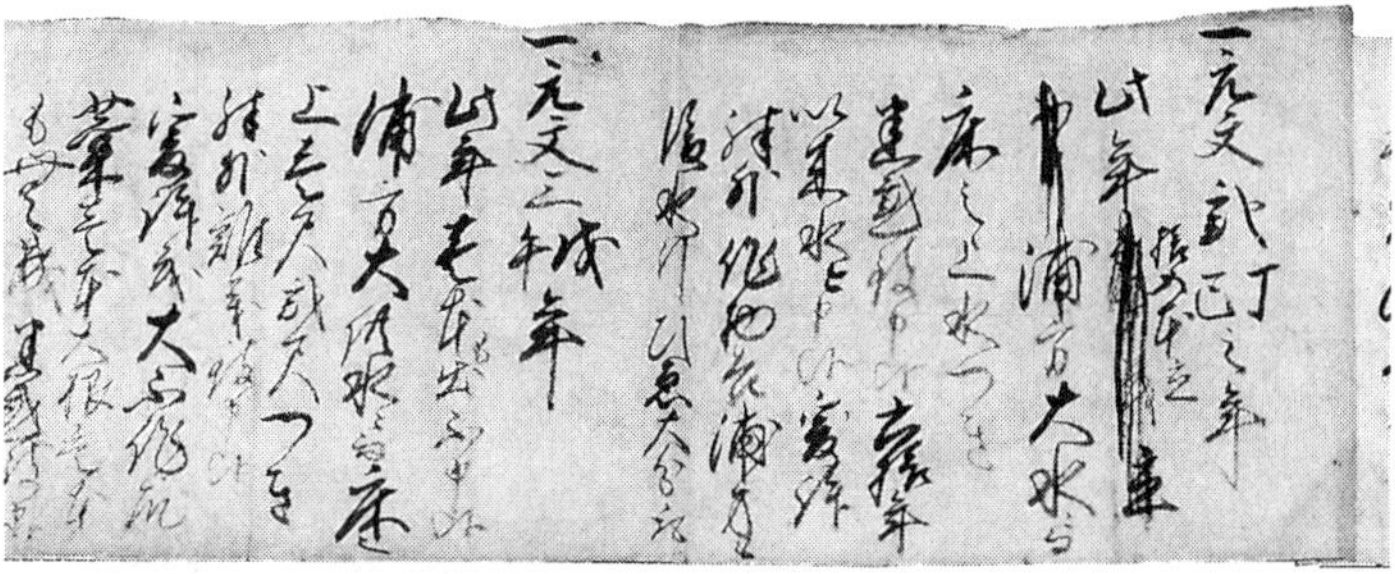

『永々蓮立花覚帳』元文２年・３年の記事

夏まで、近年まれな長雨が続いたと記されています。琵琶湖は増水して、湖岸近くの村々は、床上浸水が五十日間も続き、さこね畑では藁《わら》一本、大根《だいこん》一本の収穫もなく、大変な年であったようすが簡潔に記されています。

元文四年から宝暦二年までの十四年間は、妙蓮も順調に花を咲かせて、「作物田畑共吉」という記述が続いています。妙蓮の里は、豊年が続いて二冊目の『蓮花立覚留日記』は終わっています。

田沼意次の時代の日記

『蓮之立花覚』は、宝暦三年（一七五三）から天明二年（一七八二）までの三十年間におよぶ記録です。筆者は、宝暦三年当時四十八歳であった田中家十七代綱義になっています。

寛延四年（一七五一）六月二十日、家重に将軍職を譲って大御所と称していた吉宗が没しました。享保の改革は、幕府の金庫に百万両を超える大幅な黒字財政を計上しました。しかし、米本位経済の構造的矛盾はますます深まり、年貢増徴政策による農村の反発は、全国的な一揆や強訴の頻発という結果を招いていました。

この冊子は、将軍吉宗が進めていた改革の足かせがはずれて、幕府の一方的な威圧感がとりはらわれたころに書き始められています。幕藩体制が完成していた時代が終わり、それが下り坂に入り始めた、いわゆる「田沼時代」と重なる日記になります。幕府のかかえる課題は多難でしたが、物価は比較的安定し、世の中は天下泰平を謳歌していた時代に合わせて、『蓮之立花覚』は記録されたのです。

田沼意次は、賄賂政治の権化のようにいわれていますが、江戸時代でもっとも物価の安定した時期を作り出した、すぐれた政治家だったようです。意次は、米以外の商品の生産を増やして産業を盛んにし、その流通をすすめることで経済を発展させようとしました。そして、これまでの年貢増徴のみの政策をやめて、流通する商品に課税するような方策で、幕府の収入を増やそうとしたのです。この時代の商業経済の発展は、天災と不作が続くなかでも、江戸をはじめとする城下町の生活文化を向上させました。ことに、生活も文化も上方に依存していたものが、江戸独自の生活文化として定着するのもこの時代からです。『蓮之立花覚』の記述内容は、これまでになく豊富になっています。とくに、大風雨と洪水や旱魃、虫害のことが具体的な記事としてみられます。米の収量には触れていませんが、豊年と不作の年で上下する米価の変動のようすは克明に記されています。この日記の特徴的なことは、妙蓮が毎年のように皇室をはじめ宮家、公卿など各方面に献上されていたことです。また、文人たちの時代ともいわれた時代性を反映して、各地から文人墨客が大日池を訪れています。そして、奇妙な妙蓮に感動した詩歌や墨蹟を多数残しているのです。また、宝暦十三年には、丹波亀山城主松平紀伊守が、大日池で妙蓮を鑑賞したことを長文で書き残しています。妙蓮を仲立ちとして、京都などの都市分化の波が守山の地に広がっていった時代だったのです。

『蓮之立花覚』の主要部分を要約して、田沼時代に妙蓮の咲く農村がどのようであったか、そのようすの一部を記しておきます。

宝暦三年と四年は、妙連も咲いて大豊年と記されています。そして、「米一石に付き四十五匁相成り申し候」とあるように、米価は下がっています。しかし、一部の物価は依然として高いままなので、幕府は米価に見合う物価の引き下げを指示しています。

宝暦五年は、妙蓮が一本だけ咲き、東国西国共不作のため、米は一石九〇匁と高値になったことが記されています。

宝暦六年は、妙蓮が二本咲いて二年続きで不作となりましたが、その後は豊作の年が続いています。ことに、宝暦九年は、妙蓮が「殊の外見事に咲き申し候」と書かれて、「此年五拾歳此方の大豊作也。浦方も百年此方の大豊年と言う」と記されています。そして、穀物の品々が安値になったことも付け加えられています。

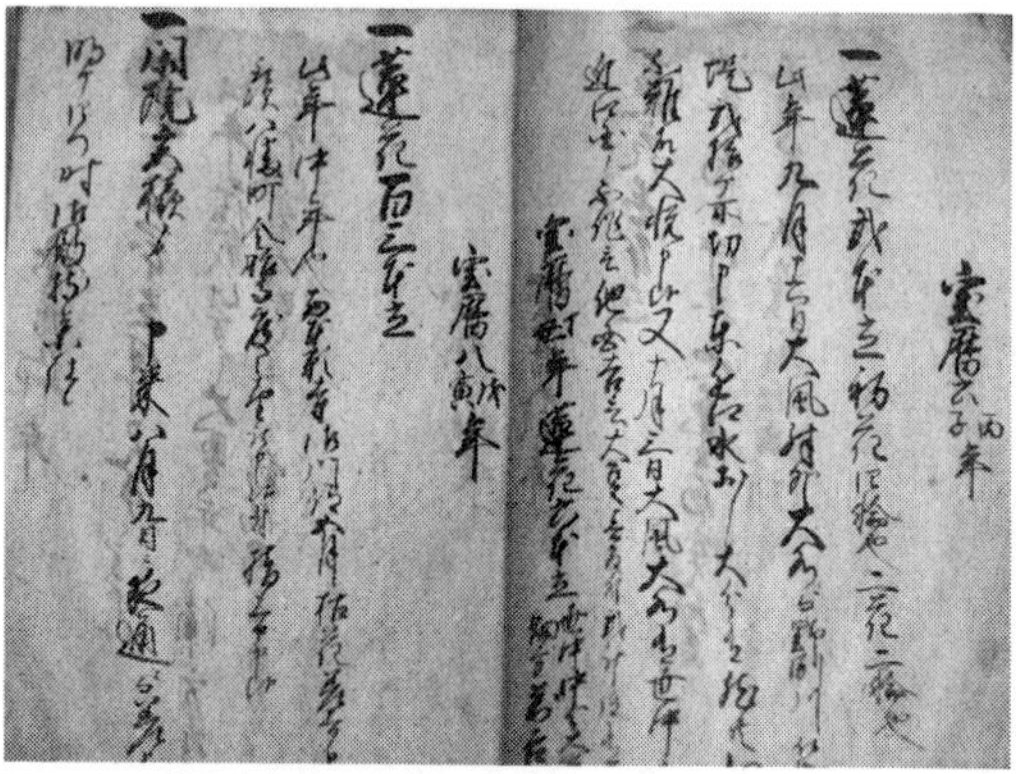

『蓮之立花覚』宝暦６年から８年の記事

宝暦十年は、妙蓮が一本も咲きませんでしたが、「おくて大豊年、米殊の外下直」と記されており、夏以降の天候回復で晩稲が豊作だったようです。この後、宝暦十三年まで豊作の年が続いています。宝暦十二年には、妙蓮がこの日記で最高の二百十四本咲いています。

明和元年（一七六四）から八年までは、四年に妙蓮が六十五本咲いて豊作になったほかは、異常気象が続いて妙蓮も咲くことが少なく、不作の年が続いています。明和五年には、「浦方大水田畑皆無、……米四斗弐升三拾余致す、難儀の者多く有り」と記されています。このことは、米一石に付き銀七五匁余の高値であったということです。明和七年から八年にかけては、大旱魃となり、琵琶湖の水が一丈（三m）も減少したという記録もあります。

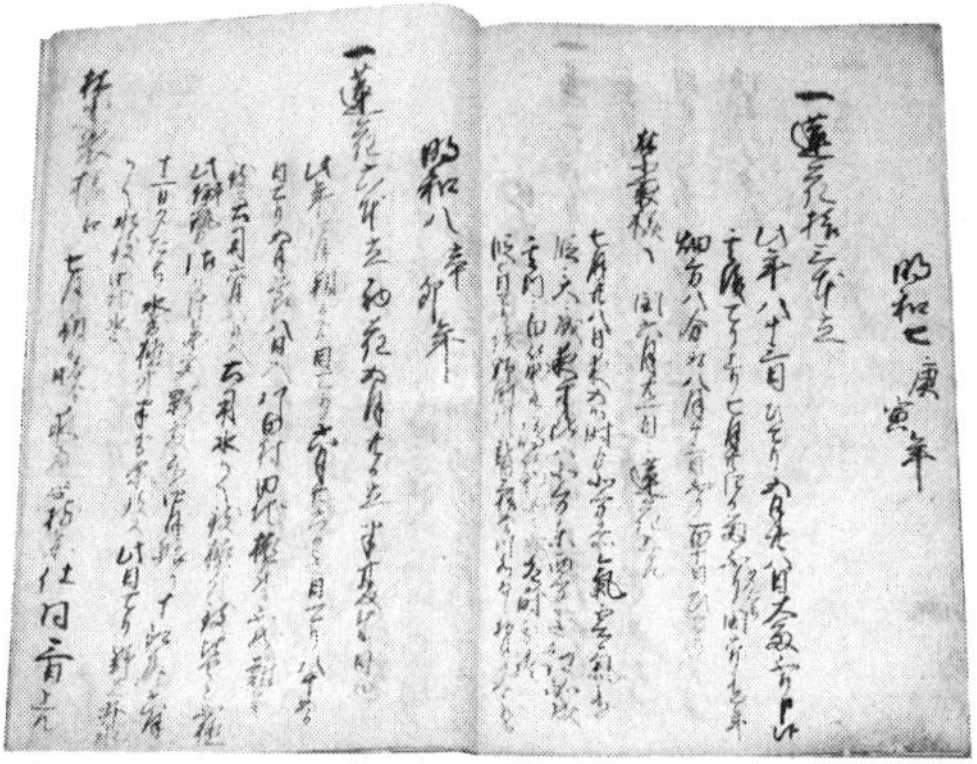

『蓮之立花覚』明和７年と８年の記事

明和九年には、「めいわく」と語呂が悪いからとして、安永と改元されています。しかし、安く永くという願いに反して、冷夏、霖雨などの天候不順や洪水の被害は治まらず、全国的な凶荒が続きました。安永元年（一七七二）から九年までの間に、妙蓮の花が一本も咲かず、葉だけが出るという年が五度もありました。妙蓮の絶えることを恐れたようで、安永九年の三月、大日池の泥上げを七日がかりで行なっています。このような池の改修は、百二十年ぶりのことであると記されています。

天明元年には、妙連と常蓮が半々になった異常な花が咲き、同二年は、「蓮壱本立つ、又壱本立ち候え共、花開かず。世の中殊の外不作、米高直也。難儀の者多く有り」と書かれて、天明の大飢饉を予言するような記事で、

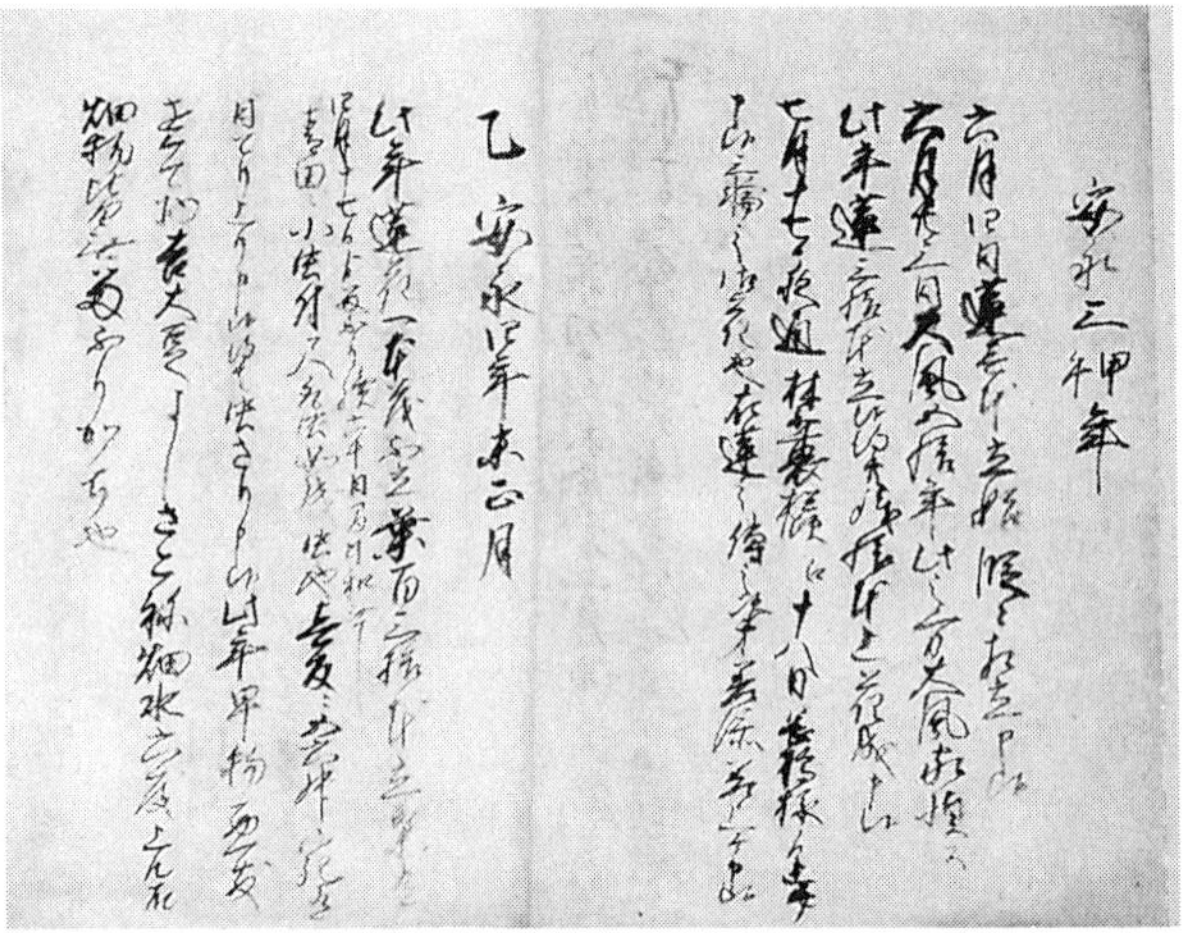

『蓮之立花覚』安永３年と４年の記事

この『蓮之立花覚』は終わっています。

この日記は、妙蓮献上のことが多数記されているので、そのことを付け加えておきます。

明和三年の項に、「此年蓮花弐本立。壱本は花成り申さず候。壱本殊の外見事に成り申し候。此の花を禁裏様へ」と記されています。この年は、妙蓮が一本だけ見事に咲いたのです。そこで、この花を夜通しで京まで持参して、五条様の取次で後桜町天皇に献上しています。このような禁裏様への妙蓮献上は、この年以後、一本も咲かなかった年を除いて毎年続けられています。その他の献上先については、阪本宮様、閑院宮様、壬生正三位様、高丘正三位様、綾小路大納言様、冷泉為村様、御公方様、尾張様、京都所司代様、京都町奉行松前筑前守様、松平紀伊守様、膳所殿様、分部御隠居様、西本願寺御門跡様という名前が毎年のように書きつづられています。

寛政の改革が続いた時代の日記

『蓮立花覚日記』は、寛政十一年（一七九九）から文化十二年（一八一五）までの十七年間の日記です。田中家十八代義俊が書き始め、文化三年ごろから十九代近良に代わっています。そして、これが最終の「妙蓮日記」になっています。

前冊の『蓮之立花覚』が天明二年で終わり、この冊子の始まる寛政十年までの十六年間の記録が途絶えています。安永九年以来続いた春から夏への長雨と冷気は、全国的な大凶作となって、各地で一揆や打ち壊しが頻発するようになりました。そして、天明三年（一七八三）に浅間山が大噴火をし、その被害が関東一円に及び、東北地方では大飢饉になりました。この噴火で成層圏まで吹き上がった灰は、日本のみならず北半球全体に、数年間にわたる冷害をもたらしたといわれています。天候異変による全国的な大飢饉は、天明八年まで続き、寛政と改元されたころにようやくおさまったようです。

この間に田沼時代は終わり、天明七年から松平定信が登場して寛政の改革が始まります。松平定信は、連年の凶荒からくる米価の異常騰貴による騒動の対策や、荒廃した農村の復興などに取り組みます。特に、武家階級の復権による幕藩体制の強化を目指して、年貢収

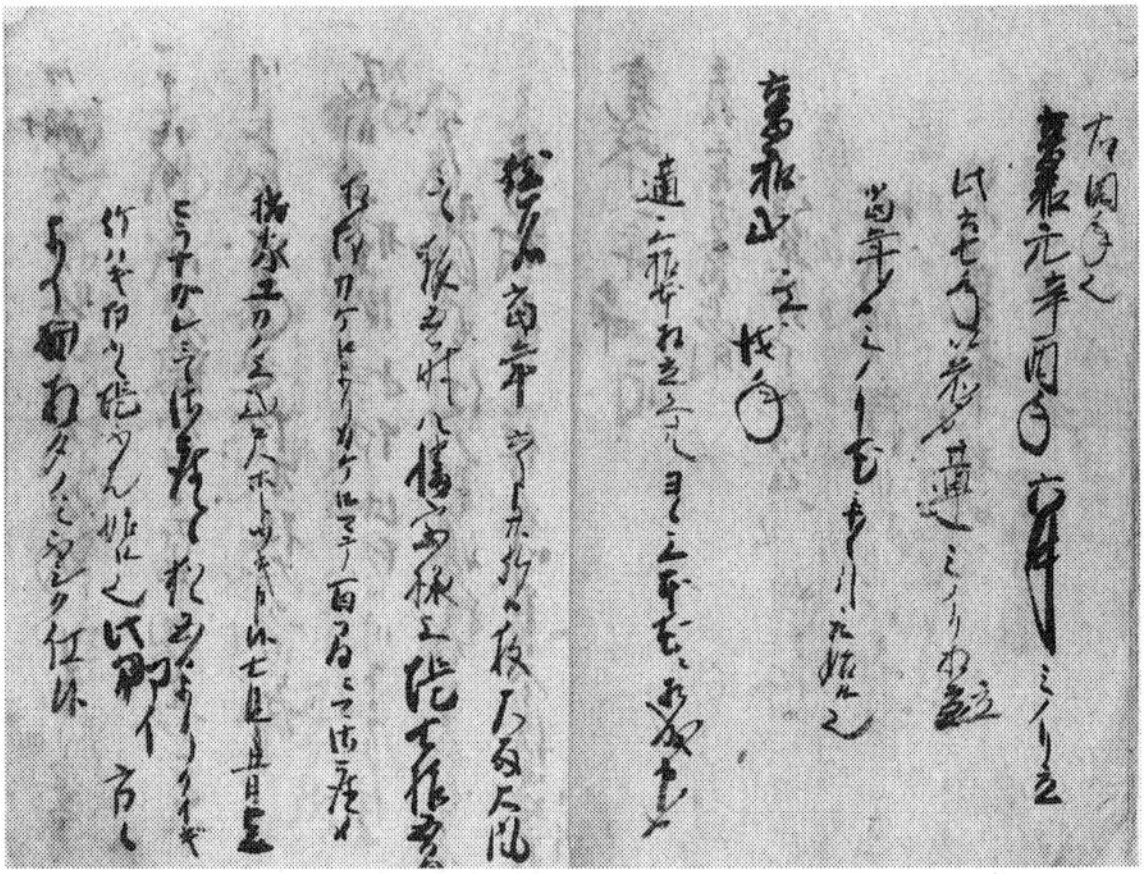

『蓮立花覚日記』享和元年と２年の記事

入の基盤であった農業振興に力を注ぎました。しかしそれは、年貢増徴の立場から農民の農業従事を強化することであって、農民の贅沢を禁止し、それまでの農村を潤してきた副業的な商業の従事も禁止されました。寛政三年（一七九一）には、農村における商品作物の作付け制限まで行なっています。田沼意次の取り組んだ、商品流通の活発化による経済発展の時代から、再び米本位経済で倹約中心の政策となったこの改革は、大奥の反発などで破綻して、寛政六年に松平定信は解職されます。しかし、定信派の官僚はそのまま残ったため、定信の政策はしばらく続けられたのです。このような年貢率や年貢収入を上げるための政策によって、農民の生活が苦しくなった時に、『蓮立花覚日記』は記されていたのです。

日記の内容はこれまでと違って、近隣のようすや、自家のことを具体的に詳しく記録しています。それまで恒例のように続けられていた、禁裏様へ妙蓮献上のことは一度も記されなくなります。そして、枯れ花の贈り先として、商家などが多く記されています。妙蓮と混生する常蓮のことが詳しく記されており、蓮池の管理にも苦労が見られます。家屋普請のことや、家族の婚姻、病気、死亡のことなど、私事に関する記事の多いのも特徴的です。とくに、米の価格と銀納による年貢の差額のことが記され、米価の高騰・暴落のはざまで過酷な年貢への対応に困惑するようすが記されています。年ごとの記述内容が多くなっているので、主要な部分のみを取り上げて解説を加えておきます。

寛政十一年から享和元年（一八〇一）までの三年間は、蓮花がたくさん咲いています。しかし、「此の六七年前より蓮ミノリ相立ち」と記されているように、ミノリ花とされる常蓮が多く混じるようになっています。天候不順の影響で先祖返りが起こったのか、他所から常蓮の実などが混入したのかわかりません。

享和二年は、「蓮三拾本相立候へ共、よく三本花と相成り申し候。然は当年六月二十九日夜大雨大風にて、夜五つ時八幡様上堤七拾五間相切れ、かけ口よりかけ口まで百間にて御座候。拙家ゆかの上弐尺ほどつき申し候。……」と、洪水の詳しい記事が残されています。

この年の野洲川の氾濫は、江戸時代で最大規模の洪水になっています。この日記の記事は、そのことを書き残す貴重な史料になります。六月二十九日夜の大風雨によって、川上では野洲村と川田村の堤が切れ、川田村、小島村、播磨田村、下之郷村などに大水がつき、川下では今浜、中野の堤が切れています。また、上流の林村の堤が切れたことで、守山、今宿が大洪水になり、今宿の土橋が流されて板の仮橋がかけられていたことが記されています。田中村の八幡様の上堤が七十五間切れ、田中家では床上二尺の浸水があり、自家の田畑一丁二反歩に土砂が入ったことも詳細に記録しています。

享和三年は、蓮花は百二十本立ち、田畑十分作で「米壱俵に付弐拾匁」と記され、その翌文化元年は、蓮花百三十本立ち、「米九月にて、わせ弐斗五合拾匁に付」、そして文化二年は、蓮花百三本立ち、「米四斗弐升弐拾壱匁つつ」というように、その年の蓮花の数と米の値段が書かれています。いずれの年も、米一石に付き銀五〇匁という値段です。

文化三年の記事は、「石四匁打上げ、八月に四匁取られ、冬三匁八分打上げ、米弐拾弐匁三分俵にて。殿様銀納五拾九匁五分九厘、是に四匁高銀納に御座候。甚こまり入り候」とあります。米価は、春から秋にかけて四匁前後変動して、年貢を納める頃は、一石で銀五五匁八分になっていました。しかし、銀納する値段は五九匁五分九厘で、四匁高く納めなければならないので大変困ったという記事になっています。さらに、文化六年は、「田地石がかり六匁つつ年貢間大きに御座候」という記事があります。この年は、「俵に付二十五匁づつ」と記されて、米一石に付銀六三匁だったのですが、六匁ずつ多く納めています。ちなみに、前年十二月に大坂で筑前米で一石あたり銀七二匁であったものが、この年の十二月には五八匁になったという記録があります。

畿内や西国地方では、綿や菜種などを生産する畑作が盛んで収益をあげていました。この畑地に目をつけた幕府は、「三分一銀納法」を実施して税収を増やしていました。これは、総耕地の三分の一は米を作らない畑地とみなして、そこに銀納での高い年貢が掛けられたのです。この税法が、このころの守山にも適用されていたのかも知れません。

文化七年から九年まで咲いた蓮花の数は、凡そ二百本、凡そ百五十本、凡そ百本と概数で記されています。そして、文化七年の米価は、米一俵二一匁、すなわち一石につき五三匁となり、翌八年は、一俵二三匁で石あたり五八匁になっています。文化九年は、豊年で一俵十九匁と記されて、石あたり四七匁と下落しています。

このように、この日記では、毎年の米価が書き続けられています。年貢との関連もあって、当時の農村は米価の変動に一喜一憂する不安な生活であったのでしょう。

文化十年は、白紙のままで記載がなく、文化十二年は、分家に新家と四カ所の田畑を譲り渡した記事だけで、これまで書き続けられていた蓮花や天候のこと、あるいは米価のことなどの記載はなく、ここで、妙蓮にかかわる日記は終わっています。寛政の改革の余波がようやくにして終わり、やがて田沼時代に次ぐ好景気とされる文化・文政期を迎えるのですが、農村の疲弊は極限に近かったのかも知れません。しかし、長い「妙蓮日記」が終わった年は、「化政時代」といわれる時代への節目になる年と一致しているようです。

【余話】妙蓮の里の中世の武将

進藤山城守の系譜

進藤山城守は、後藤但馬守と並んで六角家の両藤と呼ばれた有力武将でした。観音城の六角家では、執事の筆頭となり、つねに六角家の当主を支えてその柱石となっていました。守山市小浜町に館《やかた》を構え、野洲川の流域を領地としていた進藤家は、その実体がほとんど明らかになっていませんでした。田中家に残されている『江源日記』に記載されている事項を整理して、進藤家の系譜の一部をたどってみます。妙蓮の里に残されていた古文書が、守山にいた中世の武将、進藤山城守の系譜を解き明かすきっかけになりました。

応永二十三年（一四一六）の条に、「三月進藤新助貞盛観音城に来りて、永く当家に事へて微忠を致さんといふ。満高其の器量を愛して野洲郡に於て采地を授く」とあり、これが進藤家にかかわる最初の記述です。南北朝時代の応安四年（一三七一）から六角家の当主であった満高が逝去する少し前のことです。

応永二十五年四月十六日、野洲郡兵主神社祭礼のとき、神人の間で喧嘩があり、進藤貞盛がこれを仲介しています。そして、応永三十三年四月十七日、進藤貞盛は死去しています。

進藤山城守の館があった所

六角満経（満綱）が当主の時代は、満経が進藤貞盛の嫡男貞富を寵愛することが厚かったため、貞富の威勢が強く、自然無礼のことが多くあったようです。六角の一族右馬頭泰賢などは、これをけん責しましたが、満経は聞き入れなかったので、泰賢は六角家を退去するという事件もありました。進藤貞富は、満経の「一字書き出し」をもらって経貞と改名しています。この後も、同僚家人などとの間で争いや対立がありましたが、当主満経が経貞を特別に寵愛していたことから、暇を申し出る家人もあったということです。六角家は内紛の続く時代だったのですが、進藤家の勢いが高められた時代だったのです。

寛正元年（一四六〇）四月の条に、「同月、政頼野洲郡野洲川以南十八郷を進藤新助貞通に賜ふ」とあります。野洲川以南、すなわち旧北流の南側にある野洲郡を進藤貞通が六角政頼（氏頼）より与えられています。この当時、野洲川の旧南流は、細い川で国境になるような流れではなかったのです。旧北流以南の野洲郡は、現在の守山市域のほとんど全部に相当しており、江戸時代の石高にしてほぼ三万石ぐらいになります。この地で進藤家は、観音城と京都を結ぶ佐々木街道を押さえ、堅田の港に対抗する木浜に陣屋を設けています。六角家の居城観音城と京都の間を守備する重要な地域が、進藤家に委ねられていたと考えられます。

文正元年（一四六六）十二月二日、佐々木近江守氏頼が四十七歳で死去しています。そのためこの八日には、進藤新助貞通ら四人が殉死しています。貞通は称名院殿月峯妙光大居士と号されています。守山市小浜町の称名院がその菩提寺だと考えられます。

応仁元年（一四六七）に始まった応仁の乱では、六角高頼が、五千余騎の近江勢を率いて山名宗全の西軍に加わった時、進藤新四郎貞匡が、随従する諸将の一人として戦っています。この進藤貞匡は、応仁の乱が終わって、文明六年（一四七四）十一月病気で隠居して松叟と号して、弟の大炊助貞国に家督を譲っています。そして、二年後の八年六月二日に死去し、称名院殿松叟宗寿大居士と号しています。

守山市小浜町の称名院

長享元年（一四八七）将軍義尚の近江親征があり、この時進藤民部少輔貞国は、六角高頼の一方の将として、千八百余兵を率いて幕府方と戦っています。長享三年に義尚が栗太郡安養寺で陣没して、この戦いは終わっています。その後も、進藤貞国は、高頼の信任を得て六角家の柱石として活躍しています。明応四年（一四九五）二月、六角高頼が、美濃の斎藤妙春の援助を受けて京極高峯と江北の飯村川で戦った時、進藤貞国は、四番大将として二千三百余人を率いて加わっています。この戦いの後、六角家と京極家の間では、応仁の乱以来二十九年ぶりの和議が成立しています。そして、進藤貞国は、斎藤妙春の援助を謝するため美濃国に派遣されたとされています。

永正八年（一五一一）正月八日、進藤式部貞将は六角氏綱の名代として多賀社に参詣しており、二十一日に進藤山城守貞宗が、後藤播磨守基久、清水帯刀隆宣、長井民部直冬、山田左衛門重元の五人とともに六角家の執事に任じられています。また、永正九年五月には、進藤貞将が評定衆の一人に加えられ、進藤家は六角家で重要な地位を占めています。

永正十一年正月五日、進藤貞宗の嫡男式部貞盛が、氏綱の名代として将軍家に年始祝礼を勤め、その年の八月二十六日観音城内で騎射の興行があり、進藤貞盛と弟の新五郎貞村が選ばれて騎射しています。

永正十六年四月一日、六角義実の後見であった定頼が諸将の職掌を定めたとき、進藤山城守貞盛は、五人の執事の一人に任じられ、進藤式部貞将が、十人の評定衆の一人に選ばれ、進藤新五郎貞村と新十郎貞弘が近習となっています。

天文元年（一五三二）二月、将軍義晴が朽木から帰洛するとき、六角定頼は後藤基兼と進藤貞村の両将に、二千余兵を相添えて前駆け後乗せしめたとあります。

天文五年二月、後奈良天皇が、大内義隆の調進した御料で即位の大礼をあげられたとき、進藤山城守貞盛は、六角義実の名代として上洛して祝賀を奉り、天文七年の年末、進藤加藤太貞家が名代として将軍家、堂上、管領以下列侯へ歳末の御祝礼を勤めています。

天文十年一月に六角家の諸役が改められ、進藤山城守貞盛は執事の筆頭になり、進藤式部貞村は評定衆、進藤武蔵守盛高は旗頭の一人として名があげられています。

天文十六年三月、細川晴元と示し合わせて、将軍義晴を二條御所に攻めた六角定頼に従う武将として、進藤山城守貞盛と同子息新助貞久の名があります。

天文十八年六月、三好長慶と細川晴元の争いに、六角義賢が晴元をたすけて加わった乱のとき、進藤山城守貞盛は、義賢に従う将の筆頭として加わっています。この乱で、将軍義晴と義藤（義輝）は、坂本に難を避けますが、義晴はそのまま穴太で逝去しています。『江源日記』は天文二十二年で終わっていますが、永禄六年（一五六三）九月、後藤但馬守親子が六角義治によって殺される「後藤騒動」が起こっています。この時、進藤山城守は、観音城の屋敷を焼き払って小浜の館に退いたといわれています。その後、永禄十一年に、足利義昭を奉じて上洛する織田信長によって観音城は落城しています。その当時は、進藤山城守は織田信長に従っていたとされています。

■江源日記に見られる進藤家の系譜

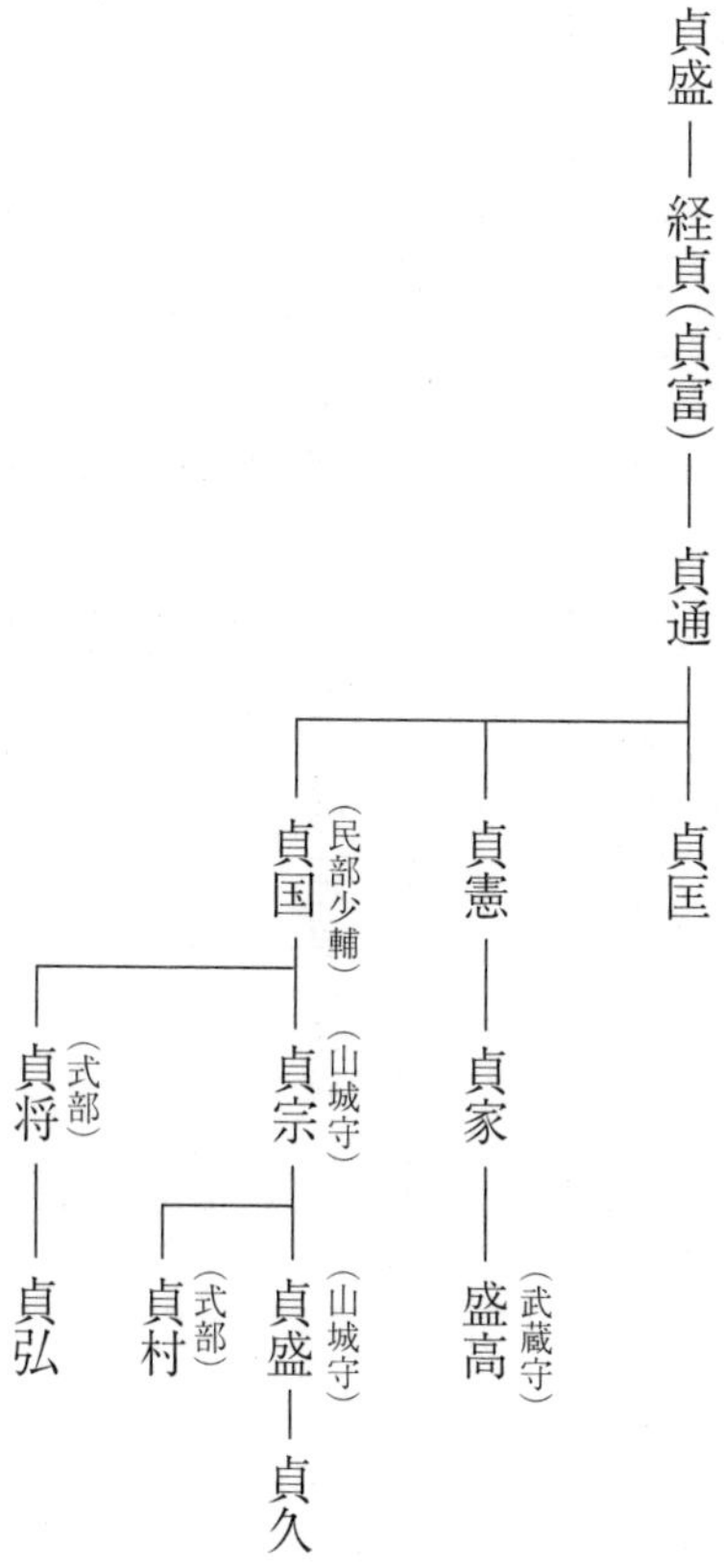

■参考文献一覧

安藤　久次『植物の自然誌プランタ』「スイレンとハス」（一九九四）研成社

伊藤　元已『園芸文化』「ハスの植物学」（一九九六）㈳園芸文化協会

遠藤　元男『近世生活史年表』（一九九一）雄山閣出版

大石慎三郎『田沼意次の時代』（一九九八）岩波書店

大石慎三郎『江戸時代』（一九九八）中央公論社

大賀　一郎『ハスと共に六十年』（一九六五）アポロン社

大賀　一郎『近江妙蓮から近江妙蓮へ』（一九六五）近江妙蓮保存会

小野　陽子『ハスの話』第4号「れんこん（蓮根）料理」（一九九九）かど創房

笠原　一男『太平記その後・下克上』（一九九一）木耳社

北村　文雄・坂本祐二『花蓮』（一九七二）講談社

北村　文雄『蓮・ハスをたのしむ』（二〇〇〇）ネット武蔵野

後藤　弘爾『遺伝』「花の器官の並ぶメカニズム・ABCモデル」Vol 51・No 4（一九九七）裳華房

後藤　弘爾『蛋白質・核酸・酵素』「花から葉、葉から花への転換」Vol 46・No 12（二〇〇一）共立出版

後藤　弘爾『遺伝』「シロイヌナズナの葉を花の器官に換える」Vol 55・No 4（二〇〇一）裳華房

後藤　弘爾『細胞工学』「葉を花に換える転写因子複合体」Vol 20・No 7（二〇〇一）秀潤社

坂本　祐二『蓮』（一九九二）法政大学出版局
庄野　岩夫『レンコン―つくり方と売り方』（一九八六）農山漁村文化協会
鈴木　浩三『江戸の経済システム』（一九九五）日本経済新聞社
R・S・セイモア（青木久子訳）『蓮の話』第3号「蓮の花は活発に温度調節を行う」（一九九八）かど創房
徳永真一郎『近江源氏の系譜』（一九七五）創元社
徳永真一郎『徳川吉宗』（一九九〇）PHP研究所
中村　彰彦『保科正之』（一九九五）中央公論社
長島　時子『蓮の話』「ハスの花が咲くとき音がする？しない？」（一九九六）かど創房
奈良本辰也・芳賀　徹・楢林忠男『批評日本史5・徳川吉宗』（一九七八）思索社
箱崎　美義『花の科学』（一九九四）研成社
原　襄・福田泰二・西野栄正『植物観察入門　花・茎・葉・根』（一九九一）培風館
藤村　進『石川郷土史学会会誌』「持明院妙蓮池と持明院」第十八号・第十九号・第二十号（一九八七）
松尾　秀邦『蓮の話』第3号「ハスの葉の化石」（一九九八）かど創房
松田　修『万葉植物新考』（一九七〇）社会思想社
三上　隆三『江戸の貨幣物語』（一九九七）東洋経済新報社

三浦　功大『蓮の文華史』（一九九四）かど創房
村井　章介『中世日本の内と外』（一九九九）筑摩書房
山田　宗睦『花古事記・植物の日本誌』（一九八九）八坂書房
山本　章夫『万葉古今動植正名』（一九七九）桓和出版
蓮田　勝之『蓮の話』第3号「蓮の香り」（一九九八）かど創房
脇田　晴子『室町時代』（一九八五）中央公論社
渡辺　達三『魅惑の花蓮』（一九九〇）日本公園緑地協会
邹秀文等編著『中国荷花』（一九九七）金盾出版社
王其超・張行信『中国荷花品種図誌』（一九八八）中国建築工北出版社
王其超・張行信『荷花』（一九九九）上海科学技木出版社

あとがき

妙蓮の研究をはじめて気づいたことは、この花の実態が長い間神秘なベールにつつまれたままであったことです。妙蓮の花の学術的な研究については、藤井健次郎博士が『東京植物学雑誌』に「奇形蓮花」と題して明治二十五年（一八九二）に発表されたものが最初です。そして、『石川県天然記念物調査報告第一冊』で安田作二郎氏が「持妙院の妙蓮」として大正十四年（一九二五）に発表された論文などがあります。しかし、妙蓮の花の形態的説明の一部を除いて、いずれも古典的というべき内容になっています。また、妙蓮の歴史に関しては、大賀一郎博士が田中家の古文書の一部を『近江妙蓮から近江妙蓮へ』（一九七〇）という小冊子にまとめられたのが唯一のものです。しかし、この貴重な冊子は、校正が不十分だったことなどから誤りの部分が多く指摘され、その訂正が石川郷土史学会の藤村進さんなどから寄せられていました。

妙蓮に関する研究は、まさに白紙のような状態でした。そこで、まず妙蓮と常蓮の違いを調べるため、各地にある蓮の生育地での実態調査に取りかかりました。特に、千葉県検見川にある東京大学大学院農学生命科学研究科附属緑地植物実験所へは何度か訪問し、南定雄技官（現蓮文化研究会会長）から常蓮の生態や品種などについて指導を得ています。

また、妙蓮ゆかりの土地、金沢の持妙院、富山県福野町の安居寺、東京都府中市役所と修景池などを訪ねて、加賀妙蓮、越中妙蓮、武蔵野妙蓮などの現況と歴史的経過について多くの方々から貴重な示唆を得ることができました。

平成十年秋には京都大学化学研究所の後藤弘爾博士から「花の形をきめる遺伝子」について懇切な解説とその論文の提供を受けました。このことは、妙蓮の花の成因を解く重要な鍵になり、本書における生物学的な解説の中心部分をまとめることができました。

大日池へは、春に浮葉が出てから秋の敗荷になるまで、毎日のように通って妙蓮の生態を調査しました。時間を選ばないこの調査には、この池を管理されている田中米三さんとなみ子夫人から不断の協力をいただきました。そして、さらに同家に残された古文書の調査と本書への掲載についてもこころよい承諾を与えていただけました。

田中家にある古文書の解読は、専門外の著者にとって苦渋の連続でした。古文書解読の初歩から取り組んだ「六十の手習」は、「石の上にも三年」の苦労でようやく曙光をみいだすことができました。そして、守山市誌編纂室の木村善光、村松常子、百田恵、中田弘子さんたちの協力を得ることができたお陰で、田中家文書のほとんどを解読・整理することができました。さらに、古文書の内容にかかわる関連調査も進めて、妙蓮の花が育んできた歴史物語の構想をまとめることができたのです。

本書を執筆するにあたっては、高田信昭さま（前守山市長）はじめ、木村善光さん（元滋賀県高等学校国語教育研究会会長）、行村正吾さん（播磨田町在住）などから励ましとご協力を賜りました。ことに、高田信昭さまには序文を書いていただき、木村善光さんには粗稿に目をとおしていただき、誤りの指摘と数々の貴重な助言をいただきました。

また、蓮文化研究会の皆さんから得た協力も大きく、ことに三浦功大さんからは適切な助言と写真の提供をいただきました。

加賀妙蓮については、石川郷土史学会の藤村進さんから多数の貴重な史料提供と助言を受け、そのお陰でまとめることができました。

最後になりましたが、本書の出版にあたり助言と援助をいただいたサンライズ印刷㈱の岩根順子社長、さらに編集から校正までご苦労をかけたサンライズ出版のみなさんに厚くお礼申し上げます。

平成十四年七月

妙蓮の花が咲き始める頃

著　者

■著者略歴

中川原　正美（なかがわら　まさみ）

1929年　長浜市寺田町生まれ。
1951年　金沢高等師範学校理科三部（生物）卒業。
滋賀県立高校に勤務。
1989年　滋賀県立八幡高校校長で退職。

守山市誌編纂委員・守山市文化財保護審議会委員
滋賀県環境啓発アドバイザー・淡海環境保全財団評議員
環境社会学会・蓮文化研究会・関西自然保護機構・淡海万葉の会に所属

主な編著
『守山市誌』自然編・資料編自然・地理編

主な論文
「近江妙蓮とその歴史」(1997)『蓮の話』第2号　かど書房
「妙蓮の花とその歴史」(1999)『湖国と文化』87号・88号　滋賀県文化振興事業団
「妙蓮の花の不思議・その生物学的解説」(1999)『蓮の話』第4号　かど書房
「赤野井湾をめぐる地理と歴史」(1999)『琵琶湖研究所所報』17　滋賀県琵琶湖研究所　など

近江《おうみ》妙蓮《みょうれん》―世界でも珍しいハスのものがたり―　別冊淡海文庫9

2002年7月20日　発行

企　画／淡海文化を育てる会
著　者／中川原　正美
発行者／岩　根　順　子
発行所／サンライズ出版
滋賀県彦根市鳥居本町655-1
☎0749-22-0627　〒522-0004
印　刷／サンライズ印刷株式会社

ISBN4-88325-132-2 C0040

別冊淡海《おうみ》文庫

柳田国男と近江
— 滋賀県民俗調査研究のあゆみ —

橋本　鉄男著

柳田国男の「蝸牛考」を読んだことが、著者を民俗学に引きつけた。柳田との書簡を交え、滋賀県民俗調査研究のあゆみをたどる。

B6・並製　定価1,530円(本体1,457円)

淡海万華鏡

滋賀文学会著

湖国の風景、歴史などを湖国人の人情で綴るエッセイ集。滋賀文学祭随筆部門での秀作50点を掲載。

B6・並製　定価1,632円(本体1,554円)

近江の中山道物語

馬場　秋星著

東海道と並ぶ江戸の五街道の一つ中山道。関ヶ原から草津まで、栄枯盛衰の歴史を映す街道筋を巡る。

B6・並製　定価1,632円(本体1,554円)

戦国の近江と水戸

久保田　暁一著

浅井長政の異母兄安休と、安休の娘に焦点をあて、近江と水戸につながる歴史を掘り起こした一冊。

B6・並製　定価1,529円(本体1,456円)

国友鉄砲の歴史

湯次　行孝著

鉄砲生産地として栄えた国友。近年進められている、郷土の歴史と文化を保存したまちづくりの模様も含め、国友の鉄砲の歴史を集大成。

B6・並製　定価1,529円(本体1,456円)

近江の竜骨
—湖国に象を追って—

松岡　長一郎著

近江で発見された最古の象の化石の真相に迫り、滋賀県内各地で確認される象の足跡から湖国の象の実態を多くの資料から解明。

B6・並製　定価1,890円(本体1,800円)

『赤い鳥』6つの物語
—滋賀児童文化探訪の旅—

山本　稔ほか著

大正から昭和にかけて読まれた児童文芸雑誌『赤い鳥』。滋賀県の児童・生徒の掲載作品を掘り起こし、紹介するとともに、エピソードを6つの物語として収録。

B6・並製　定価1,890円(本体1,800円)

外村繁の世界

久保田　暁一著

五個荘の豪商の家に生まれ、自らと家族をモデルに商家の暮らしの明と暗を描いた作家・外村繁。両親への手紙などをもとに、その実像に迫る初の評論集。

B6・並製　定価1,680円(本体1,600円)

淡海文庫について

「近江」とは大和の都に近い大きな淡水の海という意味の「近（ちかつ）淡海」から転化したもので、その名称は「古事記」にみられます。今、私たちの住むこの土地の文化を語るとき、「近江」でなく、「淡海」の文化を考えようとする機運があります。

これは、まさに滋賀の熱きメッセージを自分の言葉で語りかけようとするものであると思います。

豊かな自然の中での生活、先人たちが築いてきた質の高い伝統や文化を、今の時代に生きるわたしたちの言葉で語り、新しい価値を生み出し、次の世代へ引き継いでいくことを目指し、感動を形に、そして、さらに新たな感動を創りだしていくことを目的として「淡海文庫」の刊行を企画しました。

自然の恵みに感謝し、築き上げられてきた歴史や伝統文化をみつめつつ、今日の湖国を考え、新しい明日の文化を創るための展開が生まれることを願って一冊一冊を丹念に編んでいきたいと思います。

一九九四年四月一日